数据化决策

数据分析与高效经营

[日] BSR大数据科学研究会 / 编著

岳冲 / 译

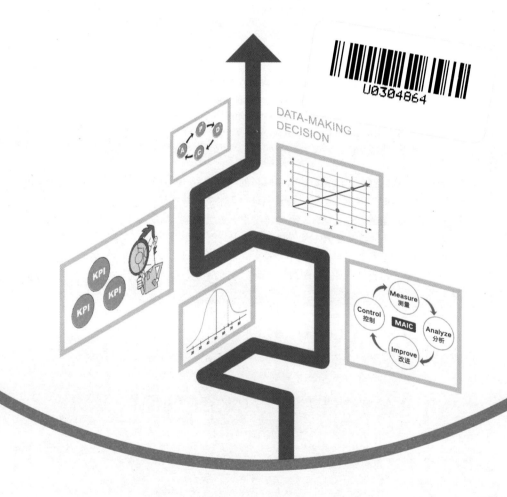

DATA-MAKING
DECISION

人民邮电出版社

北京

图书在版编目（CIP）数据

数据化决策：数据分析与高效经营 / 日本BSR大数据科学研究会编著；岳冲译. —— 北京：人民邮电出版社，2018.7
ISBN 978-7-115-47997-6

Ⅰ. ①数… Ⅱ. ①日… ②岳… Ⅲ. ①数据管理 Ⅳ. ①TP274

中国版本图书馆CIP数据核字(2018)第044095号

内 容 提 要

　　如何用数据分析高效经营已成为职场人士瞩目的焦点。这种现象的背后是社会对从堆积如山的数据中提炼出有益信息的强大需求，可以说正是这种需求使得数据化决策的重要性越来越凸显。

　　本书围绕数据化决策的方式方法，介绍职场人士所必需的管理知识、统计学基础知识和商务应用能力，并通过 Excel 分析具体案例，深刻阐述从数据分析到高效经营的商务思考方式。

　　本书不单讲深奥的经营决策思维，也不独论专业的数据分析实操，而是在两者综合的基础上，思维化繁为简，实操具体到位，图文搭配教学，力求帮助职场人士将大数据与商业相结合，找到企业经营之道。

◆　编　　著　[日] BSR 大数据科学研究会
　　译　　　　岳　冲
　　责任编辑　恭竟平
　　责任印制　周昇亮

◆　人民邮电出版社出版发行　　北京市丰台区成寿寺路 11 号
　　邮编　100164　　电子邮件　315@ptpress.com.cn
　　网址　http://www.ptpress.com.cn
　　北京天宇星印刷厂印刷

◆　开本：700×1000　1/16
　　印张：14.5　　　　　　　　　　　2018 年 7 月第 1 版
　　字数：180 千字　　　　　　　　2018 年 7 月北京第 1 次印刷
　　著作权合同登记号　图字：01-2016-8298 号

定价：59.80 元
读者服务热线：(010)81055296　印装质量热线：(010)81055316
反盗版热线：(010)81055315
广告经营许可证：京东工商广登字 20170147 号

前言

我好像是一个在海边玩耍的孩子，不时为捡到比通常更光滑的石子或更美丽的贝壳而欢欣鼓舞，而展现在我面前的是完全未探明的真理之海。[1]

——艾萨克·牛顿

大数据刚开始轰动世界时，牛顿的这句话浮现在笔者脑海。试将"真理"一词换作"大数据"，是不是也恰如其分地反映了我们当下的状况？

当然，越来越多的人开始认识到浩瀚的大数据的重要性，而试图通过分析、运用大数据寻找真理的活动也变得活跃起来。

与此同时，专业进行数据分析的数据科学家也成为众人瞩目的焦点。这种现象的背后是社会对从堆积如山的数据中提炼出有益信息的强大需求，可以说正是这种需求使得数据分析与商业决策的重要性越来越凸显。

本书聚焦的正是目前备受关注的数据科学家。

当然，在"数据科学家"尚未得到明确定义的当下，记述数据科学家应该具备的知识和技能在某种意义上是一种冒险。但笔者仍然明知山有虎，偏向虎山行，用 7 章的篇幅描绘了通往数据科学家之路。

---

[1]《The Meditation 1978—秋季刊（第五期）》（1978 年，平河出版）。

第 1 章是总论,讲述什么是数据科学家、成为数据科学家需要什么样的知识。第 2 章对数据科学家所必需的管理知识进行了阐述。尤其是希望成为数据科学家的 SE(系统工程师),这类管理知识往往是一个短板,但如果能熟练掌握本书中的 KPI 导向思维方式,一切即在掌握之中。此外,本书还借鉴德鲁克的管理理论,提出了一些建议,请将其也作为参考。

在第 3 章到第 6 章中,笔者进一步阐述了数据科学家必须具备的统计学基础知识和商务应用能力。为了让读者深刻理解以数据科学(统计分析)为背景的思考方式,每个要点都列举了使用 Excel 进行数据分析的具体案例。虽然当前统计分析的实际标准正不断向 R 软件靠拢,但读者若无法用 Excel 完成本书所列举的案例,成为数据科学家的梦想也只能是镜花水月。

即使如此,鉴于 R 软件如此受人欢迎,我们仍然应该掌握一些基本知识。最后的第 7 章涉及了一些关于它的内容,为希望进一步提升自己的读者打开了一扇窗。

当然,本书不仅适合立志成为数据科学家的人士,像正文所说,当前普通管理人员也不能缺少数据科学家式的视角,因而他们也适合阅读本书。本书在编排内容时也充分考虑此类人群的需求。

希望更多的读者能够从本书中获取有用的信息。

2014 年 4 月　BSR 大数据科学研究会

目录

编辑注：本书的 Advice（意见）、Column（专栏）、Step（步骤）、Data Science（数据科学）、Management Science（管理科学）、Do It Excel（Excel 实践）、Do It R（R 软件实践）分别为原书设置的栏目。

1

第 1 章

大数据时代的数据科学家

大数据时代，我们每个人都被淹没在大量的信息当中。

要从爆炸式增长的数据中找出有效信息，必须借助"专家"的力量。

这些"专家"就是数据科学家。

本章试图解读数据科学家越来越受重视的背景以及如何成为一名数据科学家。

1.1

点球成金

棒球史上的真实事件

你听说过《点球成金》吗？

估计很多人会回答说看过电影或读过原著[1]。《点球成金》的故事取材于美国职业棒球联盟奥克兰运动家队的一段真实历史。

比利·比恩（Billy Beane）曾是一名备受期待的棒球选手，但他始终未能在成绩上有所突破，不久后他选择去曾经的豪门——运动家队做总经理。在球队经营上，比恩和其他球队领导最大的不同点就是他特别重视数据。

单是这样也并不稀奇，日本的野村教练也非常擅长分析数据。比恩最独特的地方在于他选择数据的视角。

重视不同的标准

在比恩看来，以往的棒球都过于夸大了选手安打率（击球率）、奔跑速度、守备技能及身体素质的重要性。相反，控制好球区的能力才是决定一名棒球选手能否走向成功的最大因素。

因此比恩在分析数据时并没有将目光投向选手的安打率，而是选择了上垒率。

上垒率和球队得分的相关系数达到了 0.92，超过了安打率和得分间的相关系数。

基于这种指导思想，比恩开始打造一支重视上垒率的球队。

比恩的尝试是对安打率至上的传统球队建设方式的一种挑战。

---

[1] 迈克尔·刘易斯著，中山宥译《点球成金》（2004 年，兰登书屋讲谈社）。

● 奥克兰运动家队和比利·比恩总经理

棒球中最重要的是选手的安打率和奔跑速度、高超的守备技能及身体素质。

不，棒球中最重要的是选手的上垒率！

以往的球队总经理

奥克兰运动家队的总经理比利·比恩

奥克兰运动家队

加利福尼亚州奥克兰的美联球队，属于美联西区。2013 年获得美联西区冠军。

● 比利·比恩 (1962~)

作为选手进入美联，不久后就任运动家队总经理。目前仍担任总经理，带领队伍不断前进。

*图片来自：GabboT

1.2

棒球和数据科学家

上垒率 × 3 + 长打率

1997 年比恩就任总经理后，立刻对球队经营进行了改革。改革大棒首先挥到了球探的头上。

过去，球探一直是凭借自己的感觉和经验为球队发掘有发展潜力的选手。比恩上任后对这种方式进行了改革。他将目光集中在选手的上垒率方面，以此为标准来筛选新人。这遭到了球探们的强烈反对，他们甚至陆续辞职。

此外，为了更好地推进重视数据的球队建设方式，比恩还在 1999 年邀请保罗·德波戴斯塔进入球队管理层。

德波戴斯塔毕业于哈佛，曾将棒球比赛获胜的必要因素作为研究课题。他把 20 世纪所有球队的数据代入算式中，试图找出胜利的方程式[1]。他就是我们现在所说的数据科学家。

德波戴斯塔敏锐地察觉到棒球中最重要的数据只有两项——上垒率和长打率。他在加入运动家队之后又进行了更深一步的思考——上垒率和长打率的重要程度是否相同？

针对这个疑问，德波戴斯塔在进行数据分析后得出结论：上垒率的重要程度若是 3，长打率则为 1。为此，运动家队设定了一个至关重要的指标。

上垒率 × 3 + 长打率

---

[1] 迈克尔·刘易斯，《点球成金》P167。

● **数据科学家 保罗·德波戴斯塔**

保罗·德波戴斯塔（Paul Depodesta, 1972 ~ ）

作为比利·比恩的副手加入运动家队管理层。从数据方面分析棒球比赛获胜的必要因素。

他就是我们现在所谓的
数据科学家

*图片来自：美国圣路易斯

1.3

发现了"宝藏"的运动家队

用数据分析找到宝藏

在保罗·德波戴斯塔的帮助下，比利·比恩对球队成员全面更新并取得了立竿见影的效果。

比恩刚上任的 1998 年，运动家队的战绩还是 74 胜 88 败，负多胜少。到 1999 年就变成了 87 胜 75 败。

仅是这样还不足为奇，真正的奇迹从 2000 年开始爆发，他们当年的战绩达到了 91 胜 70 败，昂首挺进季后赛。之后三年以 2001 年 102 胜 60 败、2002 年 103 胜 59 败、2003 年 96 胜 66 败的战绩连续 4 年打入了季后赛。

此外，2006 年、2012 年及 2013 年，他们也都打入了季后赛。

超高的投资回报比

更让人惊诧的是运动家队的投资额（选手平均年薪）。

2000 年为 1,156,925 美元，在联盟 30 支球队中排名第 24。2001 年为 1,252,250 美元（第 29），2002 年为 1,469,620 美元（第 21），2003 年为 1,889,685 美元（第 20）。他们仅靠纽约扬基队约 1/3 的费用就取得了极其优良的战绩[1]。

就这样，比恩运用和传统球队不同的视角，成功发现了"宝藏"，将运动家队打造成了一支低成本、高水准的优良球队。

而这背后的重要因素就是他从数据分析中得出了一直没有被其他人重视的隐藏标准。

---

[1] 上述数据来源于迈克尔·刘易斯《点球成金》P370。2006 年、2012 年、2013 年的成绩来自维基百科。

● 战绩和投资额

运动家队的战绩

年份	胜	负	胜率	名次
1998年	74	88	0.457	西区第4
1999年	87	75	0.537	西区第2 季后赛被淘汰
2000年	91	70	0.565	西区第1 季后赛被淘汰
2001年	102	60	0.630	西区第2 季后赛被淘汰
2002年	103	59	0.636	西区第1 季后赛被淘汰
2003年	96	66	0.593	西区第1 季后赛被淘汰

运动家队的投资额（选手平均年薪）

2000年

1,156,925 美元（30 支球队中位列第 24）

2001年

1,252,250 美元（第 29）

2002年

1,469,620 美元（第 21）

2003年

1,889,685 美元（第 20）

1.4

在真理的海洋边玩耍的孩子

面前无限宽广的数据海洋

《点球成金》的故事讲到这里，大家有没有想起前言中牛顿说的话？

以往的球队管理层就像是海边玩耍的孩子，一直被安打率或奔跑速度等光滑的石子或更美丽的贝壳所吸引。

但比利·比恩和他的副手保罗·德波戴斯塔却正好相反，两个人把目光投向更广阔的海洋，找到了**上垒率 ×3 ＋长打率**这个真理。

事实上，我们现在所处的环境和他们并无二致。

大数据的时代

在我们眼前，数量庞大的信息犹如汪洋大海，很难从其中发现真正重要的信息。

而且现在已经是大数据的时代，信息不断呈爆炸式增长，寻找必要信息的难度也在不断增加。

但如果能够找出真正有价值的信息（我们甚至可以将其称为真理），企业很可能就会像奥克兰运动家队一样完成华丽转身，抓住低投入、高回报运营的良好契机。

因此正如比恩信任德波戴斯塔一样，数据科学家受到了越来越多企业的青睐。

● 比恩和德波戴斯塔

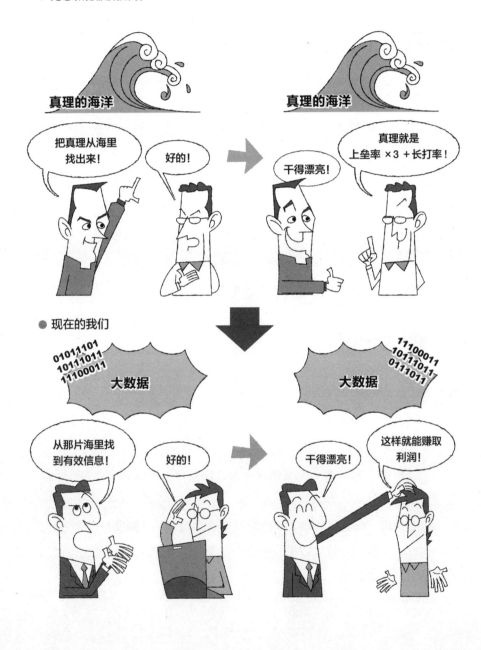

● 现在的我们

1.5

大数据和数据科学家

获得了"公民权"的大数据

正如上一节所说，社会对数据科学家关注度的上升和当前方兴未艾的大数据热潮有着密不可分的关系。用统计学语言来讲，这是超强的相关关系。因此在切入数据科学家的内容之前，本书想再多谈一点大数据。笔者相信这绝不会是徒劳无功的。

大数据的提法最早出现在 2012 年前后，开始时大家只把它当作一个流行语[1]。但 2012 年年末出版的《信息通信展望 2013》[2]中使用了"大数据改变社会"的副标题，标志着这个词正式被公众承认。

大数据的三个特征

一般人对大数据的认知是数量超级庞大的数据，本书总结了它的三个特征[3]。

一是数量。如前文所述，毫无疑问庞大的数据量是大数据最大的特征。

二是种类。大数据不仅数据量庞大，数据种类极其繁多也是一个鲜明特征。

三是速度，或者说频度。数据的处理速度极快，且频度也非常之高。

因此，要准确理解大数据，不能仅是关注数量，还要从种类、速度 / 频度两个方面来把握。

---

[1] 短暂流行然后被迅速弃用的词语。市场营销学中也将短暂的流行现象称为 fad。
[2] NTT 的智囊机构信息通信综合研究所每年出版反映日本及世界信息通信动向的图书，很受读者欢迎。
[3] 野村研究所也使用了这个定义。但有一点要注意：并不是专家们将包含这三个特征的数据命名为大数据，而是先有了大数据这个词，然后又总结出了它的三个特征。

● 大数据的三个特征

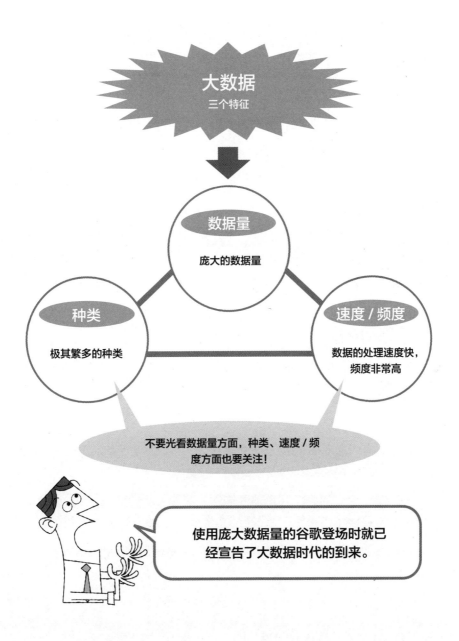

1.6

大数据时代硬件与网络高度发展

硬件高度发展的两个层面

众所周知，大数据是在处理数据的硬件高度发展的背景下出现的。我们必须至少从两个层面来考察这个现象。

第一是数据处理层面。大数据的一个特征是速度快、频度高，计算机性能的爆炸式发展使得这个特征的实现具备了可能性。

另一个层面和数据处理同样重要，但关注度却要差得多，那就是传感器技术的发展。比如智能手机，现在几乎没有不带拍照和录像功能的智能手机了。换句话说，智能手机的这些功能就是通过用静止图像和录像截取外部信息的传感器实现的。

此外还有远程监视摄像头、远程管理装置、车载装置等，传感器技术的发展一口气扩大了数据采集的场所和时间。

M2M

这些设备统统都被连接到了互联网上，将数据发送到计算机，由计算机对来自各地的数据进行自动处理。这就是 M2M[1]。

有了覆盖全世界各个角落的互联网、高度发展的计算机和 M2M 硬件，大数据便应运而生了。

而现在我们要做的就是处理这些数据，从中找出有用的信息。

---

[1] Machine to Machine，设备和设备之间直接进行数据交换。

● 设备高度发展的两个层面

设备高度发展（层面一）= 数据处理

设备高度发展（层面二）= 传感器技术的发展

1.7

大数据时代另一个特征

能够对总体进行分析的时代

本书的主题之一是数据分析，从这个视角来看，大数据还有另一个重要特征。

在大数据时代，高度发展的硬件使我们能够轻松处理大量的数据。换言之，人类无须局限于部分数据进行分析，开始能够直接对总体进行分析。

传统的调查方法是从总体中抽取部分数据进行分析，通过分析结果来推断总体的特征。我们称之为抽样调查（Sample Survey）。

但大数据时代为直接研究总体提供了可能性，自然也就能得出比抽样调查更精确的分析结果，创建更细致的假设和模型。

因此可以说，大数据时代是一个能够创建精确的分析模型的时代。

备受期待的数据科学家

创建精确的分析模型必须掌握一项技术，那就是统计分析，即数据科学。面对海量数据，如何使用？用在哪里才最有效？这是现代社会中需要不断探讨的课题。为此，数据科学备受期待。

而数据科学方面的专家正是数据科学家。

● 部分调查与总体调查

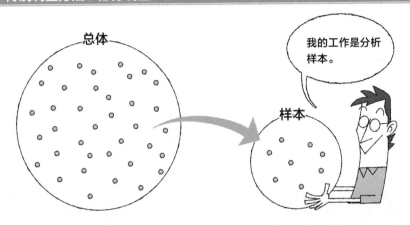

传统调查方法：部分调查

总体

样本

我的工作是分析样本。

大数据时代调查方法：总体调查

总体

我的工作是分析、研究总体。

大数据时代是从部分调查向总体调查转变的时代。

1.8

最有魅力的数据科学家

最有魅力的工作

通过这么多的描述，相信读者已经了解了数据科学产生的背景。值得一提的是，数据科学家这一概念是原领英及脸书的数据分析负责人 D. J. 佩蒂尔（D. J. Patil）和 杰夫·帕克尔（Jeff Packer）在 2008 年提出的。

2009 年，谷歌（Google）的首席经济学家哈尔·范里安在回答记者问题时说道："我曾无数次说过，今后 10 年，统计学家的工作将变得越来越有魅力。"不到 10 年，他的预言就变成了现实。

2012 年 10 月的《哈佛商业评论》（*Harvard Business Review*）刊登了一篇题为《数据科学家：最有魅力的工作》（*Data Scientist：The Sexiest Job of the 21st Century*）的论文，立即引起热议。

到底什么人才算是数据科学家？

那么数据科学家到底指的是什么样的人呢？

关于这一点，《数据科学家：最有魅力的工作》的作者托马斯·达文波特（Thomas H. Davenport）和 D. J. 佩蒂尔做了有趣的描述。

数据科学家指那些具备特殊技能的人，他们用自己周围人都能理解的语言进行沟通，运用语言和视觉——最好二者同时运用——通过数据阐释事物[1]。

简单来讲，使用数据简单易懂地阐释事物的人就是数据科学家。

也就是说，数据科学家不能只会分析数据，还要从中找出新知识，

---

[1]《哈佛商业评论》（2013 年 2 月刊）P89。

并传达给其他人。

　　下一节我们将详细讲述数据科学家应该具备的素质。

● 什么样的人才是数据科学家呢?

1.9

数据科学家的素养与技能

为企业的利润和成长做出贡献

前文已经说过，数据科学家备受关注的背景是社会需要从大量数据中找出有用的信息，然而需求量最大的正是企业。

那么对于企业来说，什么样的信息才是有用的呢？

答案是能够为企业利润、企业成长提供帮助的信息。换句话说，企业需要数据科学家做的就是发现新知识，将它与企业利润或成长联系起来。

因此数据科学家不能仅仅停留在数据分析专家的阶段，还必须对商业有自己的理解，能够简单易懂地说明如何才能让数据为企业利润和成长做出贡献。

数据科学家必备的素养

这样看来，数据科学家首先要具备包括市场营销在内的管理知识[1]，此外还必须理解统计学，并在此基础上掌握数据分析技能。当然，程序设计能力也非常必要，为此 IT 设备及 IT 服务知识也不可或缺。

全部掌握这些技能可能非常困难，接下来本书将集中讲述必要的管理知识及商务领域经常用到的基本数据分析技能。

---

[1] 管理的目的是创造顾客，创造顾客的两项职能是市场营销和创新。

● 数据科学家必备的素养

普通的数据科学家

优秀的数据科学家

什么是管理

管理相关的基础知识

突然被问到什么是管理，相信很多人都无法立刻做出回答。

现代管理学之父彼得·德鲁克[1]说：

"管理是建立组织、带来成果的道具、功能和机构。[2]"

更简单来说，管理就是为组织带来成果。

企业也是组织形态的一种，因此所谓企业管理就是如何提升企业的成果。

那么企业的成果又是什么呢？

是销售额，还是利润？

企业为顾客提供必要的产品，作为回报，收取一定的金钱。而另一方面，顾客如果不能在这家企业获得自己需要的产品，只需要换一家企业为自己提供就可以了。

企业想要获取回报就必须要抓住顾客。

因此德鲁克认为，创造顾客是企业的成果。

市场营销和创新

德鲁克还进一步指出，企业的目标是创造顾客，因此企业有且只有两个基本职能。

那就是市场营销和创新。

市场营销可以定义为满足顾客需求，带来利润的活动[3]。因此，要想创造顾客，精准地满足顾客需求是不可或缺的。

但如果只考虑如何满足顾客的需求，企业很可能会沦为单纯跟在顾客后面的产品搬运工。

要打破这种局面，企业就必须开发出让顾客离不开的新价值。

这种开发活动就是创新。

企业靠着市场营销和创新这两个车轮来创造顾客，控制这两个车轮的方向盘就是管理。

研究管理就是在研究如何创造顾客。

而创造顾客要考虑的就只有市场营销和创新。这一点请大家一定要牢记。

---

[1] 管理学家，生于奥地利，被称为发明了管理学的人。2005 年逝世，享年 95 岁。
[2] 彼得·德鲁克著，上田惇生译《21 世纪的管理挑战》（ *Management Challenges for the 21st Century*，1999 年，Diamond 社）P45。
[3] 菲利普·科特勒、凯文·莱恩·凯勒著，月谷真纪译《营销管理》（2008 年，培生教育出版社）P6。

● 管理、市场营销、创新

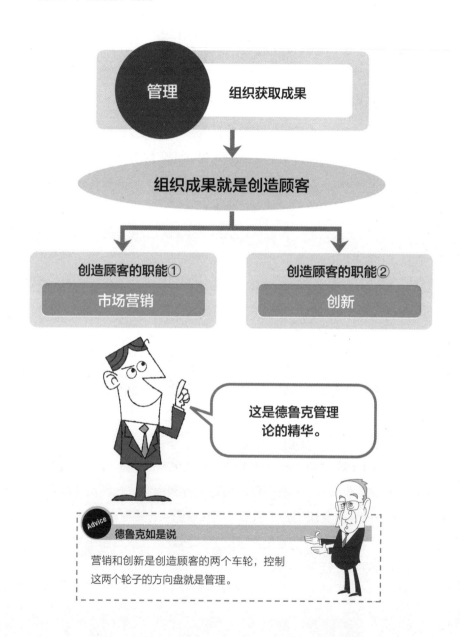

1.10

数据科学家的用武之地

尘封在公司里的小数字

本章中我们结合大数据时代的背景简单介绍了数据科学家。但有一点必须要明确——数据科学家工作的对象并不仅仅局限于大数据。

请您环顾四周，虽然已经进入了大数据时代，但能把自己内部的那些数据真正运用起来的公司又有多少呢？

为了区别于大数据，我们可以把这些尘封在公司里的传统数据称为小数字（Little Numbers）[1]，它们也是数据科学家重要的关注对象，而从它们当中发现能够和企业利润及成长联系起来的知识也是数据科学家的工作。

用武之地极其广泛

有位著名的数据科学家曾在某次访谈中说：一些公司甚至只用 Excel 就能完成的分析都做不好[2]。虽然我们天天在说大数据时代，但现实恐怕是另一番模样。

如果用 Excel 就能完成分析，那企业就无须为数据处理投入大量的资金。因为从堆积如山的数据里找出对企业利润和成长有益的信息才是目的，用什么工具无所谓，它们只是实现目的的方式而已。

如此看来，数据科学家们的活跃领域涵盖了大数据和小数字，可以说用武之地非常广泛了。

[1] 这里引用了奥美互动的数据分析人员 Dimitri Maex 等所著 Sexy Little Numbers（日文版名称：《跟数据科学家学分析力》，2013 年，日经 BP 社）的标题。
[2] 参照纲野知博《让公司变强的大数据活用入门》（2013 年，日本能率协会管理中心）"附录"。

● 大数据时代下的现实

直觉判断法

用统计学思维思考

　　人们普遍抵触通过数学运算或用概率思考问题，更依赖于直觉判断。比如，请回答下面这个问题。

　　汤姆买球棒和球一共花了 110 美元。球棒比球贵 100 美元。请问球的价格是多少美元？

　　请回答。答案是不是马上就出来了？ 10 美元！

　　恭喜你，答错了。

　　球是 10 美元，球棒就是 100 美元。差额是 90 美元，球棒只比球贵了 90 美元。

　　正确答案是 5 美元。球棒的价格是 105 美元，刚好比球贵了 100 美元。

　　即使是这么简单的计算，我们也倾向于依赖直觉，而不是深入思考。这种直觉判断被称为直觉判断法。

　　用统计学思维来思考，一项重要的内容就是停止直觉式的判断，多多思考。

第 2 章
让数据分析服务于经营

第 1 章中我们说过，数据科学家决不能仅仅停留在数据分析层面。

面对如山的数据，数据科学家必须找出有助于利润提升和企业成长的信息，

并能够简单易懂地传递这些信息。

要做到这一点，首先要学会 KPI 导向的思考方式。

接下来，本章将做详细介绍。

2.1

三个石匠

数据科学家应有的态度

现代管理学之父彼得·德鲁克曾在他的名著《管理的实践》中引用了三个石匠的故事[1]。这个故事对于思考数据科学家们的发展方向也非常有启发意义。

一天，有人问三个石匠他们在为什么忙碌，三个人都给出了自己的答案。

第一个石匠回答："我在混口饭吃。"

第二个回答："我在做全国最好的石匠活。"

第三个回答："我在建一座教堂。"

德鲁克想要通过这个故事表达：对工作负有某种责任的人（德鲁克将这些人称为管理者或高管、经营责任人。广义上讲，它包括所有劳动者）必须为组织成果做出贡献。

为组织贡献成果的人

那么三个石匠中谁才是能为组织贡献成果的人呢？第一个显然不值一提。第二个虽然立志做全国最好的石匠活，但他并没有理解建一座教堂这一组织目标，如果石匠活不能和组织成果联系起来，那么做得再优秀终归也是徒劳。

数据科学家也是一样，他们的目的不是靠这个混口饭吃，也不是做全国最好的数据统计师，而是通过分析数据为组织做出贡献。离开这一点，数据科学家也就无从谈起[2]。

---

[1] 彼得·德鲁克著，上田惇生译《（新译）管理的实践（上）》（1996 年，Diamond 公司）P181。
[2] 这个道理不仅适用于数据科学家，也适用于组织内所有人员，对管理者来说更是常识。

● 三个石匠

● 三个数据科学家

2.2

数据科学家的眼光

管理者要了解情报的使用方法

在现代社会，数据科学家必须要从管理者的视角看问题，同样，管理者也应当具备数据科学家的眼光。

请容许我再一次引用彼得·德鲁克的话。他在另一部著作《下一个社会的管理》中说道，经营责任人必须不停地问自己三个问题：

①我需要什么样的信息？

②应该向谁索取？

③应该什么时候得到？

同时德鲁克也批评道："许多经营责任人认为这些都是信息技术负责人的工作，和自己无关[1]。"

企业的经营决策最终要靠经营责任人来做，但自己坐在办公室里，需要的信息不会自动送上门来。管理者必须清楚地了解自己在什么时候需要什么样的信息，向谁下达指令才能获取这些信息。

换句话说，管理者无须自己进行数据分析，但必须具备为分析人员指明方向的能力。

《点球成金》中比利·比恩利用数据引领运动家队再度走向了辉煌，而企业的管理者们也必须具备这种数据科学家的眼光。

---

[1] 彼得·德鲁克著，上田惇生译《下一个社会的管理》（2002 年，Diamond 社）P107。书中还说："首席执行官还必须问：'我应该给其他人什么信息？用什么形式传递？应该什么时候给他们？'"

● 现代管理者必备的素质

不合格的管理者

别跟我谈数据！
经验、直觉还有奋斗知道吗？
付出汗水营业额才能增加。

这个人来自史前时代？
摊上他做上司我们也真是倒霉。

管理者　　　　　　　　　　　下属

优秀的管理者

有热情当然好，
不过要多拿数据说话哦！
降低退货率需要哪些数据？

虽然这个领导也很严格，
但真的让人心服口服。
我一定要拿他做榜样！

管理者　　　　　　　　　　　下属

2.3

数据科学家的管理素质

哪些是必需的知识?

那么，数据科学家必备的管理素质是什么呢？其实单提管理素质这一概念过于宽泛，往往让人觉得很难理解。

下面我们用著名的帕累托法则[1]来做例子。帕累托法则又称二八法则，即顶端的 20% 占据了总体的 80% 的经验法则。

从这一法则，我们可以引申出 20% 的骨干人员创造了 80% 的价值、开会时 20% 最能说的人做了 80% 的发言等。

假设我们从这一法则出发，发现公司内存在"20% 的大客户为公司带来了 80% 的营业额"这一现象，那我们就可以调整战略，将公司的推广费用重点分配至这 20% 的大客户，而不是剩余的 80%。

立足于商业理论思考

以上仅是一个特例，简单来说，具备管理素质就是要了解像帕累托法则这样的对商业运营有帮助的理论。但这些理论的数量太多，一个人不可能将它们全都记住。那最重要、最应该掌握的是什么呢？

本书给您答案：先理解平衡计分卡！

---

[1] 这是意大利经济学者维弗雷多·帕累托发现的经验法则。帕累托发现社会上 20% 的人占有 80% 的社会财富。

● 帕累托法则和应用案例

帕累托法则

我发现了一个了不得的事情！

维弗雷多·帕累托

20% 的富人

80% 的财富

20% 最有钱的人占有了 80% 的社会财富。

帕累托法则的应用案例

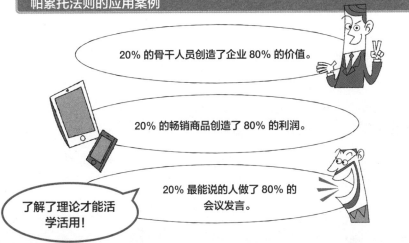

20% 的骨干人员创造了企业 80% 的价值。

20% 的畅销商品创造了 80% 的利润。

20% 最能说的人做了 80% 的会议发言。

了解了理论才能活学活用！

2.4

战略地图——平衡计分卡

关于分解的管理思考

相信很多读者都是第一次听到平衡计分卡（以下也记作 BSC）这个名词。

平衡计分卡是战略管理工具的一种，由美国经济学家罗伯特·卡普兰（Robert Kaplan）和企业顾问戴维·诺顿（David Norton）共同提出[1]。

平衡计分卡最初是作为企业绩效评价系统开发的，但不久就被活用为企业战略向组织整体渗透的工具[2]。它的精髓在于将组织的总体战略分解，落实为一个个的具体战略。

下一页中的图是积分平衡卡的基础模板，也被称作战略地图。战略地图最大的特征就是首先由组织制定总体战略，然后从以下四个层面对其进行分解。

①财务层面。

②客户层面。

③内部流程层面。

④学习与成长层面。

学会构建战略地图的基本框架

每个企业的情况不同，使用平衡计分卡绘制的战略地图也各不相同，本书仅使用战略地图的基本框架来进行详细说明。

---

[1] 罗伯特·卡普兰是哈佛大学商学院教授，戴维·诺顿是平衡计分卡协会创始人。
[2] 这一点经常被混淆。BSC 并不是构建组织总体战略的工具，而是将总体战略分解、落实为一个个的具体战略。

● 平衡计分卡战略地图的基本框架

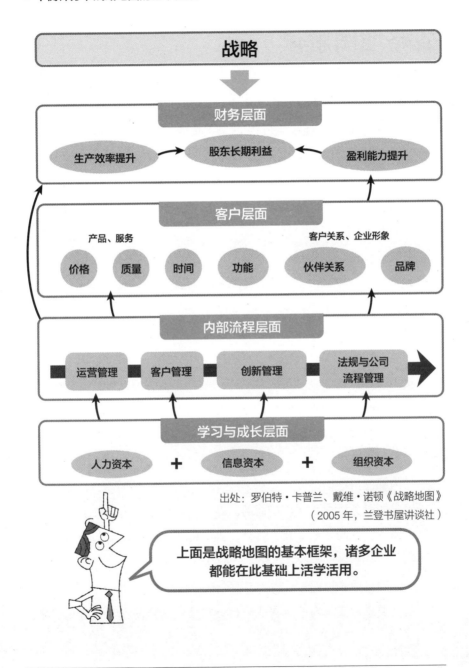

出处：罗伯特·卡普兰、戴维·诺顿《战略地图》
（2005 年，兰登书屋讲谈社）

上面是战略地图的基本框架，诸多企业
都能在此基础上活学活用。

2.5

战略地图解读

战略的分解

上一节中我们已经提到，BSC 最大的特点是以组织的基本战略为起点，然后将其分解，落实为一个个的具体战略。

例如，公司制定了 5 年后区域营业收入第一、市场占有率达到30% 的总体战略，我们可以从以下四个层面将其分解。

①财务层面。

首先要思考的是实现公司的总体战略需要从财务层面制定什么样的战略。从财务角度来讲，公司最重要的是保障股东的长期利益，为此必须不断提升企业的生产效率和盈利能力。因此，这些就可以作为财务层面的战略目标。

②客户层面。

接下来要思考的是实现财务层面的战略目标需要从客户的角度出发制定哪些战略。比如，更好地满足客户需求是否能直接提升公司收益？包括产品、服务、客户关系、企业形象等方面的提升等，都可以作为这个层面的战略目标。

③内部流程层面。

确定了财务层面、客户层面的战略目标后就要思考内部流程层面的战略，业务管理的效率提升、客户管理的完善都是内部流程中重要的战略目标。

④学习与成长层面。

最后要思考实现内部流程战略目标需要什么样的学习与成长战略。

比如提升人力资本、信息资本和组织资本等都可以作为这个层面的重要
战略目标。

BSC 就是这样将总体战略分解成一个个具体战略，而所有具体战
略又和组织的总体战略密切相关。

这一点对 BSC 极其重要，也可说是它最大的长处，因为每一个具
体战略目标的实现都能直接贡献于组织总体战略的实现。换句话说，
BSC 是引领整个组织实现基本战略目标的有效工具。

● 平衡计分卡的特色

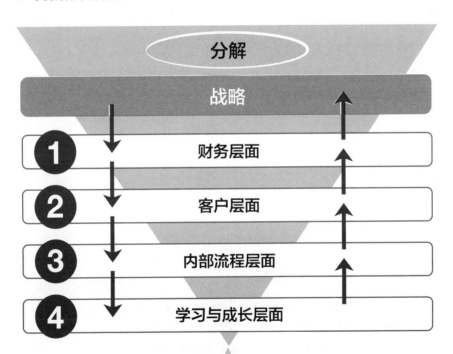

2.6

尺度与评价标准——KPI

明确尺度与评价标准

读到这里，相信大家都已经理解平衡计分卡的精髓在于对组织的基本战略的分解[1]。但在 BSC 和数据科学家之间，下面的内容才至关重要。

使用 BSC，我们从四个层面设定了具体的战略目标。但提升生产效率、完善客户管理、提升业务管理的效率等描述看起来更像是口号而不是具体目标。

举例来说，如果我们要评估生产效率是否得到了提升，就面临着用什么指标来衡量它的问题。在 BSC 中，这类指标被称为尺度（绩效评价指标）。

确定了评价各个战略目标的尺度后，还要继续明确这些尺度必须达到什么样的水平。BSC 将其称之为评价标准。

什么是 KPI？

总之，即使是利用 BSC 确定了战略目标，但只有各个战略项目（生产效率提升等）都具备了必要的尺度及评价标准才能算完整。

这些尺度及评价标准可以统称为 Key Performance Indicator（KPI）[2]。

KPI 一般指关键绩效指标，实现 KPI 无疑是组织成长的体现。

---

[1] 也可称为自顶向下（Top-down）方式。
[2] 一般情况下，KPI 仅指代尺度。但本书认为尺度和评价标准结合才是完整的 KPI。

● 组织和 KPI 的关系

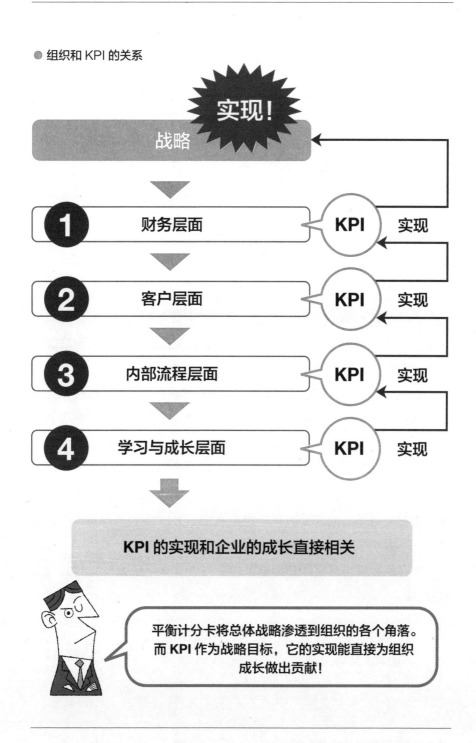

KPI 的实现和企业的成长直接相关

平衡计分卡将总体战略渗透到组织的各个角落。而 KPI 作为战略目标，它的实现能直接为组织成长做出贡献！

2.7

KPI 解读

即使还没开始做 BSC 也不要紧

"我知道 BSC 是怎么一回事了，但我们公司别说做 BSC，连明确的 KPI 都没有呢！"

相信很多读者都会这么抱怨，其实这种担心完全是多余的。因为 BSC 的四个层面都有自己常用的 KPI。

比如总资产利润率就是财务层面的一个常用 KPI，其计算公式：**总资产利润率＝公司利润／总资产**，通常使用营业利润或经常性收入来计算总资产利润率。使用经常性收入计算时，**总资产利润率＝总资产经常利润率**[1]。

总资产经常利润率可以分解为营业经常利润率和总资产周转率。因此只要提高这两者或两者当中的任意一个就能提高总资产经常利润率。提高营业经常利润率需要提升营业额或降低成本；而提高总资产周转率则需要提高应收账款周转率、存货周转率、固定资产周转率等。

总而言之，理解常用 KPI 能够明确做什么才能为组织成长做出贡献。而数据科学家们要做的就是提出有助于 KPI 实现或改善[2]的分析及方案，这就等于为组织成长做出了贡献。

这样的数据科学家才是理解了建一座教堂这个组织目标的第三位石匠。

---

[1] 中小企业的总资产经常利润率一般为 1.5% ～ 1.8%。
[2] 通过 "KPI 的实现或改善" 这一表述就可以看出 KPI 不能仅是尺度，还必须包含评价标准。

● 常用 KPI

> 合格的数据科学家要
> 理解这些常用 KPI

 财务层面

·总资产利润率 ·销售管理费用率 ·固定比率
·总资产周转率 ·流动比率 ·固定长期适合率
·营业利润率 ·速动比 ……

 客户层面

·市场占有率 ·客户忠诚度 ·每位客户年均购买金额
·细分市场占有率 ·RFM ·客户（顾客）满意度
·客户维持率 ·投诉件数 ……

 内部流程层面

·存货周转率 ·生产周期 ·物流费用率
·员工人均营业收入 ·接待客户时长 ·不合格品发生率
·准时交货率 ·退货率 ……

学习与成长层面

·员工满意度 ·资格获得率 ·专利申请数量
·员工维持率 ·能力提升率 ·研究开发费用
·教育／培训时间 ·公司内部改善方案数量 ……

应当了解的常用 KPI[1]

❶ 财务层面

● 总资产利润率

总资产利润率 = 营业利润 / 总资产 ×100（%）。

数值越大越好。总资产利润率也称 ROA，是反映企业经营状况的一个极其重要的指标。

● 总资产周转率

总资产周转率 = 营业额 / 总资产（次）。

数值越大越好。企业用最小的资本实现最大的营业额才能提高周转率。

● 营业利润率

营业利润率 = 营业利润 / 营业收入 ×100（%）。

数值越大越好。要提高营业利润，营业额的提升和销售管理费用的压缩二者缺一不可。

● 销售管理费用率

销售管理费用率 = 销售管理费用 / 营业收入 ×100（%）。

数值越小越好。这项数据反映的是人工费、广告费等销售管理费用在营业收入中所占的比例，压缩它能帮助营业利润率提升。

● 流动比率

流动比率 = 流动资产 / 流动负债 ×100（%）。

现金等流动资产和借款等流动负债的比例关系。这项数据是反映企业稳定性（短

---

[1] 以下指标参考了中野明《平衡计分卡实践指南》一书（2009 年，秀和 system）。

期支付能力）的重要指标，一般以 200% 为宜。

② 客户层面

● 市场占有率

反映组织市场地位的重要指标。在兰彻斯特战略 [1] 中，市场占有率的目标值被分为独占市场份额（73.9%）、相对稳定份额（41.7%）、顶端份额（26.1%）、并列的上位份额（19.3%）、市场的影响份额（10.9%）、竞争存在份额（6.8%）、市场桥头堡份额（2.8%）等。

● 细分市场占有率

不同产品的细分市场占有率。评价标准沿用兰彻斯特战略的市场目标值。

● 客户（顾客）满意度

反应客户（顾客）对企业产品或服务满意程度的指标。客户（顾客）满意度的评定结果是制定企业经营战略的重要依据。具体请参照 4.7 节、4.8 节。

● 客户忠诚度

指客户对企业的忠诚心。弗雷德里克·F. 里希海德（Frederick F. Reichheld [2]）因指出了客户忠诚度的重要性而声名远播。衡量客户忠诚度必须要明确 RFM 和客户俱乐部加入率等指标。

● RFM

通过分析客户的 R（Recency：最新购买日）、F（Frequency：累积购买次数）、M（Monetary：累积购买金额）来掌握优质客户的绝对数量和比例（这种分析方法被称为 RFM 分析）。

③ 内部流程层面

● 存货周转率

---

[1] 英国的 F. W. 兰彻斯特发现了该法则，日本田冈信夫将其发展为系统的市场营销战略理论。
[2] 顾问公司贝恩公司的著名董事，著有《忠诚度战略论》（2002 年，Diamond 社）等。

存货周转率 = 营业收入 / 存货余额（次）。

反映库存资产（产品、半成品、零部件）周转率的指标。这些资产的在库周期越短，周转率就越高，进而有助于总资产周转率、总资产利润率的提升。

●员工人均营业收入

员工人均营业收入 = 营业收入 / 员工人数（元）。

这个数值当然是越高越好。比如日本最大的广告公司电通，它的员工人均营业收入为 18,744 万日元。第二位、第三位的博报堂和 ADK 分别为 18,705 万和 17,699 万日元（2012 年的数据）。

●退货率

退货数量占销售产品数量的比例。退货率是反映产品质量的重要指标。

●生产周期

产品或服务从投产到产出的时间。在提升产品品质的同时缩短产品周期是内部流程管理永恒的课题。丰田生产系统中有名的 JIT（Just in Time）就可以视为缩短生产周期的一个指标。

❹ 学习与成长层面

●员工满意度

弗雷德里克·F. 里希海德曾经指出，要提升客户（顾客）满意度就必须提升员工满意度。但要设定评价员工满意度的指标非常困难，公司食堂的利用人数（人数越多，满意度越高）等可以作为衡量指标。

●员工维持率

通俗地说，员工维持率就是指正式员工平均多少年会离开公司。那些黑心企业的员工维持率就非常低，因此有意见认为，公司在招聘员工时应当公布自己的员工维持率。员工维持率和员工满意度之间有着密不可分的关系。

●教育 / 培训时间

这项指标反映了公司在提升员工能力的教育 / 培训中投入的精力。虽然时间并非越长越好，但必要程度的教育 / 培训是不可或缺的。

●资格获得率

这项指标对于敦促员工获得与自己工作相关的资格及公司留住优秀人才都非常重要。因此，多少员工持有公司重视的特定资格也可以视作公司一个重要的 KPI。

2.8

KPI 导向数据分析

时刻保持 KPI 意识

在这里笔者想再次强调，实现和改善 KPI 就等于为组织的成长做出了贡献。

因此，作为数据科学家的您在进行数据分析时必须时刻以 KPI 为导向，通过分析结果提出的措施及方案必须有助于 KPI 的实现及改善。这样您才算是一个合格的数据科学家。

KPI 的实现和改善方案大体可分为三种情形。一种是上司要求分析一下 ××KPI 的现状，提出改善方案来。这时上司已经指出了问题，不需要员工自己来发现问题。

但是上司不会每次都把问题指出来。

这时员工可以自己锁定某个 KPI，分析相关情况，提出改善措施。此外，员工还可以对自己关注的某个现象进行分析，然后研究分析结果是否有助于公司 KPI 的改善。

坚持 KPI 导向

不管是上述哪种情形，我们在数据分析过程中要时刻思考它和 KPI 之间的关联，这种意识可以称为 KPI 导向数据分析。可以说有没有 KPI 意识决定了一个数据科学家素质的高低。

● KPI 导向数据分析

①上司下达的指令

②自己锁定某个 KPI

③将自己的发现和 KPI 联系起来

2.9

KPI 导向数据分析的基本方式

时刻不忘 KPI 导向

接下来我们稍微深入地探讨一下 KPI 导向的数据分析。

数据分析的基本流程，以 KPI 导向为前提，首先要有明确的 KPI，找出影响 KPI 的各个要素则是数据分析最根本的起点。

明确影响 KPI 的要素之后要对分析工作进行规划，即明确工作的对象、需要收集哪些数据、要进行哪方面的分析。然后按照制定的计划开始数据收集和分析。

下一步就是在分析结果的基础上研究 KPI 的改善措施。如果从一项结果得不出良好的改善措施，就必须收集其他数据。从分析结果中发现改善措施才是优秀数据科学家的本领所在。

制定好改善措施后必须着手将它导入公司。如果停留在制定措施阶段，最终将沦为画饼充饥，只有将措施导入公司、实际执行才能得到改善成果，为组织的成长做出贡献。

判断改善措施的效果也非常简单，只需对比事前事后的数值就一目了然（这也是设定 KPI 的重要之处）。然后就可以再次收集数据，探讨有没有进一步改善的方法。数据科学家的工作就是不断地重复上述过程。

● 数据分析的基本流程

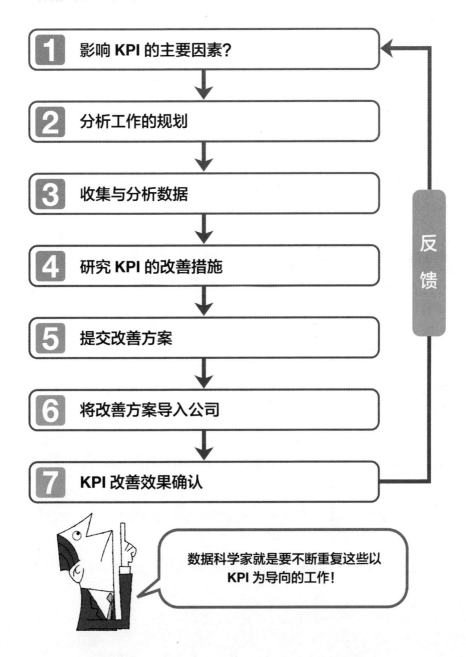

1 影响 KPI 的主要因素？

2 分析工作的规划

3 收集与分析数据

4 研究 KPI 的改善措施

5 提交改善方案

6 将改善方案导入公司

7 KPI 改善效果确认

反馈

数据科学家就是要不断重复这些以 KPI 为导向的工作！

2.10

PDCA 思想及缺陷

让 PDCA 转起来

上一节我们讲述了数据分析的基本方式，事实上这种方式参考了 PDCA[1] 的思想。

PDCA 即不断重复 Plan（计划）、Do（执行）、Check（检查）、Act（改善）这一过程来实现持续改善的科学程序。

进行 KPI 导向的数据分析及提出 KPI 实现和改善措施就是 PDCA 中的 P。将实现和改善措施导入公司的阶段即是 D。验证 D 阶段之后 KPI 的变化就是 C。在这里笔者想再次强调，通过 KPI 来明确评价标准能非常简便地对改善效果进行评价。

然后在评价结果的基础上执行下一轮的 P 和 D，这就是 PDCA 中的 A。

PDCA 的缺陷

理论上讲，如果能坚持开展 PDCA 活动，那么组织在存续期间就能实现不断的改善。因此 PDCA 成了现代管理理论中必不可少的组成部分。

正因如此，与数据科学家相关的图书不约而同地涉及了 PDCA 的内容。

这当然没有问题，但它们都没有发现 PDCA 理论中存在着重大的缺陷。

在后文中我们将说明这个被其他书遗忘的点。

---

[1] 也称 PDCA 循环。

● PDCA 的思想

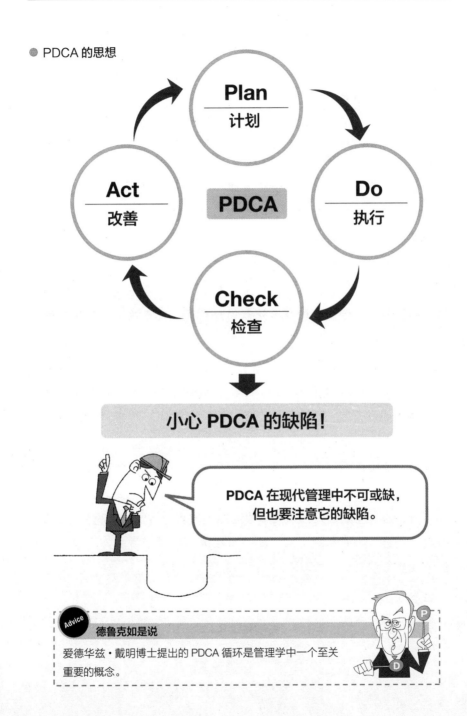

小心 PDCA 的缺陷!

PDCA 在现代管理中不可或缺,
但也要注意它的缺陷。

Advice　德鲁克如是说

爱德华兹·戴明博士提出的 PDCA 循环是管理学中一个至关
重要的概念。

2.11

约束理论

集中力量改进瓶颈

2011 年逝世的艾利·戈德拉特博士 [1]（Dr. Eliyahu M. Goldratt）因提出了约束理论而闻名于世。约束理论的精髓非常简单，一句话就能概括：不断改进约束条件，即瓶颈。

接下来我们用具体事例来说明这个理论的内涵。

关于约束理论，戈德拉特曾经做过著名的"链条比喻"。我们想象一根链条，其中一环的强度比其他环都弱，那么这根链条的整体强度取决于什么呢？

答案是取决于链条上最弱的一环。用力拉伸链条，强度最弱的那一环会最先开裂。抛开这一环，再怎么提升其他环节的强度也无助于链条强度的提升 [2]。只有改进了最弱的约束条件（瓶颈）才能提高链条的整体强度。在约束理论中，这被称为整体最优化。

戈德拉特认为组织和链条是同一个道理。组织由各种活动一环扣一环构成，其整体表现取决于组织的瓶颈因素。

因此约束理论认为，如果不改进瓶颈因素，其他部分再怎么改进，组织也很难取得明显的发展，提升组织的整体表现就必须改进约束条件（瓶颈）。

---

[1] 以色列物理学家、管理学家。提出了著名的约束理论（Theory of Constraints/TOC）。
[2] 这在约束理论中被称为局部最优化。

● 链条比喻和组织

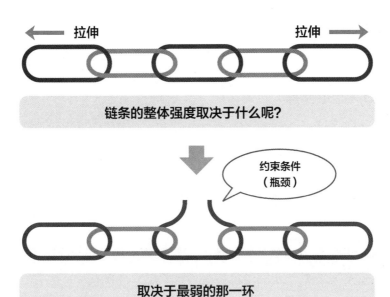

● 在组织里也是一样

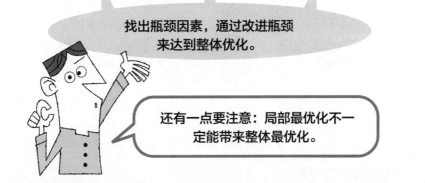

2.12

五大核心步骤

实践五大核心步骤

戈德拉特在约束理论的基础上绘制出了组织持续发展的循环图，并将其称之为五大核心步骤（参照下图）。

第一步，找出系统中存在哪些约束条件（瓶颈）。这一步是为了找出组织及系统中最薄弱的环节。戈德拉特也曾谈及如何找出约束条件，但由于篇幅所限，本书中不再介绍[1]。

第二步，最大限度地利用瓶颈。瓶颈的表现下降会直接拉低整体的水平，因此在这一步骤最重要的是将瓶颈维持在高水平状态。

第三步，使企业的所有其他活动服从于约束条件。瓶颈得不到改善，其他条件改善再多也是无用功（局部最优化），因此让其他条件服从于瓶颈非常重要。

第四步，改进约束条件。如果约束条件得到改善，那组织整体的水平自然能够提升。

第五步，别让惰性成了瓶颈，重返第一步。持续开展活动，谋求组织的持续改善才是真正的五大核心步骤。持续改善源自 PDCA 的理念，可以说五大核心步骤就是以改进约束条件为前提的 PDCA 活动。

---

[1] 具体请参照戈德拉特的《The Goal 2》（2002 年，Dia mond 社）。

● 五大核心步骤与 PDCA 的关联

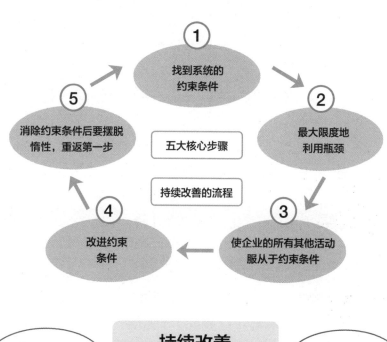

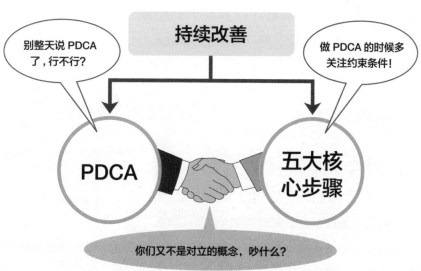

2.13

以五大核心步骤实践 PDCA

传统 PDCA 的缺陷

前文我们阐释了戈德拉特约束理论，事实上他的理论指出了传统 PDCA 中的一个重大问题。

一直以来，在 PDCA 的名义下，所有部门都会开展改善活动。但按照约束理论，改善瓶颈以外的条件对组织整体水平的提升根本没有帮助。

这就是所谓的局部最优化，某种意义上讲，不过是小范围的自娱自乐而已。

约束条件以外的改善都起不到任何作用（戈德拉特的话）——这种观点可能太过极端。

但是有一点是有目共睹的，那就是即使改善了和瓶颈关系不大的部分也无助于整体最优化，可以说是徒劳无功。

看起来从早忙到晚，但是对组织成果几乎没做出过什么贡献——您的周围是否也有这种人呢？他们肯定都是在忙那些优先等级比较低的部分的最优化。

目标是约束条件

由此可以看出，发现组织的约束条件（瓶颈），通过数据分析找出改善措施才是数据科学家对组织最大的贡献。

只要您坚持从这个角度出发每天精进业务，总有一天会超越单纯的数据科学家，成为组织最珍贵的人才。

● 时刻关注瓶颈

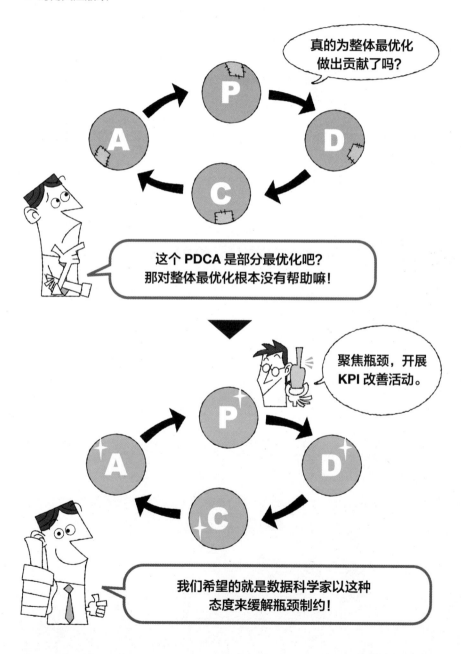

真的为整体最优化做出贡献了吗?

这个 PDCA 是部分最优化吧?
那对整体最优化根本没有帮助嘛!

聚焦瓶颈,开展
KPI 改善活动。

我们希望的就是数据科学家以这种
态度来缓解瓶颈制约!

Column 2　远足比喻

队伍的速度取决于脚步最慢的那个人

艾利·戈德拉特曾用链条比喻来说明约束条件的重要性，他还做过一个远足的比喻[1]也非常有名。

假设有一队孩子排成一列沿着山路前行，队伍中央有一个孩子走得特别慢。

前面的人没有考虑这个孩子的情况，一直在不断前进。

而这个孩子后面的人则必须跟着他的脚步往前走，于是队伍尾部离头部越来越远。

如此一来，队伍就变得越来越长。

那么整支队伍抵达终点的时间取决于谁的速度呢？

答案是取决于最慢的那个孩子。

因此要提升整个队伍（整个组织）的速度（实现整体最优化）就必须让最慢的孩子（**约束条件 = 瓶颈**）加快步伐，部分孩子走得再快也提升不了队伍的整体速度。

约束条件

队伍不断变长

---

[1] 这个比喻收录在艾利·戈德拉特著《目标》（2001 年，Diamond 社）中。

3

第 3 章
用统计学揭示数据内涵

上一章中我们介绍了数据科学家必备的 KPI 导向思维。

数据科学家要在这种思维的基础上进行数据分析，就需要具备统计学的基础知识。

本章将从零开始介绍统计学，

还会通俗地解释初学者较难理解的标准差及正态分布。

3.1

平均数的内涵

平均数是反映集体特征的一个指标

要学习统计学就绕不开平均数，深入理解平均数这个概念非常重要。

说到这里有些读者可能会生气："说什么理解平均数的概念，拿我们当小学生吗？"

这也难怪，毕竟中学数学就出现了平均数的概念，然而事实上，它的内涵要比课本上深奥得多。

比如下图，两个表分别记录了两组人员的年龄。分别计算它们的平均数，得出的结果都是 42.8 岁。

单是听这个结果，很多人可能会觉得两个组的年龄构成非常相似。事实上单靠平均数推出二者相似这个结论是非常片面的。

绘制直方图

那么让我们用图表（直方图[1]）来展现两组人员的年龄层分布。将数据形象化之后，我们一眼就可以看出它们的年龄构成截然不同。

A 组中，中年人的数量占据压倒性优势。B 组中 60 岁以上人员的数量最多，其次是 20～30 岁的人群。二组人员的年龄层构成完全不同，平均数虽然相同，整体特征却迥然相异。

---

[1] 将频数分布用直方图的形式表现出来。具体参照 3.6 节。

● 计算平均数

○各组成员的年龄

成员的年龄

A 组

34	54	46	47	52	55
48	40	28	67	39	33
51	66	24	44	32	19
				平均数	42.8

B 组

19	24	56	65	72	28
33	41	66	67	33	42
18	25	61	33	26	61
				平均数	42.8

平均数相同

○直方图

平均数相同，整体特征却差异很大

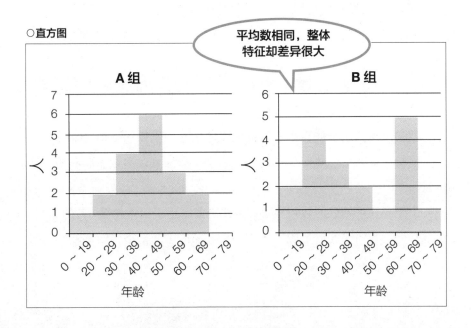

3.2

几何平均数及调和平均数

几何平均数及调和平均数

3.1 节中算出的平均数是所有成员的年龄之和除以成员数量得出的值。这类平均数叫作算术平均数或相加平均数，也是我们平常所说的平均数。

但平均数并不只有算术平均数，如下一页所述，平均数有许多种，而且各有各的特征。

几何平均数指数据集内 n 个数据连乘积的 n 次方根。比如 400 和 1,000，相乘得 400,000，几何平均数为它的平方根 632[1]。

几何平均数一般用于求营业额变化率或增长率等的平均数。

调和平均数是数据个数除以数据的倒数之和。求 400 和 1,000 的调和平均数时，用 2 除以两个数值的倒数之和（1/400 + 1/1,000），即 571。

此外，400 和 1,000 的算术平均数为 700。虽然同样名为平均数，但三者之间的数值差距却相当大。

调和平均数用于倒数具有特殊意义的情况，比如求平均时速等。

值得一提的是，几何平均数和调和平均数都可以用来求商品的中间价格。

由于调和平均数的数值较小，因此更多地用于价格弹性[2] 大的商品。也就是说，几何平均数一般用于求高档商品的中间价格，而调和平均数则多用于普通商品。

---

[1] 如果将 3.1 节中的 A 组或 B 组几何平均，其数值会非常巨大，没有实际意义。
[2] 即商品价格变化时需求量变化的程度。商品价格下降（上涨）时需求量急剧增加（减少）的商品的价格弹性更大。

● 各类平均数的特征

算术平均数（相加平均数）

● 数据之和除以数据个数。

公式 $\bar{x} = \dfrac{1}{n}\displaystyle\sum_{i=1}^{n} x_i = \dfrac{x_1 + x_2 + \cdots + x_n}{n}$

※ 通常所说的平均数就是指算术平均数。

几何平均数（相乘平均数）

● 数据的连乘积开 n 次方根。

公式 $G = \sqrt[n]{x_1 x_2 \cdots x_n}$

※ 用于求营业额变化率或增长率的平均数。

调和平均数

● 数据个数除以数据的倒数之和。

公式 $H = \dfrac{n}{\displaystyle\sum_{i=1}^{n}\left(\dfrac{1}{x_i}\right)} = \dfrac{n}{\dfrac{1}{x_1} + \dfrac{1}{x_2} + \cdots + \dfrac{1}{x_n}}$

※ 用于倒数具有特殊意义的情况。

平均数可不是只有算术平均数
（相加平均数）哦！

用函数计算各类平均数

Excel 中有许多求平均数的函数，数据科学家应该学会合理地使用它们。

Step 1 **求各月营业额的平均数**
请根据以下数据求出营业额的平均数。

● **图 1**

	A	B	C	D	E	F
1	●各月营业额					
2	1月	2月	3月	4月	5月	6月
3	¥1,280,000	¥1,360,000	¥1,480,000	¥2,150,000	¥1,490,000	¥1,810,000
4						
5	平均数					
6	¥1,595,000	←──── =AVERAGE（A3:F3）				
7						

方法非常简单，使用 **AVERAGE 函数**求出**算术平均数**即可。

Column **史密斯先生真的是普通人吗？**

过去我曾读到过这样的故事。在某个小镇住着一位史密斯先生。史密斯先生的身高、体重都与普通的美国男性无异，学历也很普通。拿着普通的收入，住在普通美国人住的家中。家中有四口人，太太也是普通的外貌。由于一家人住在郊外，所以他也和普通美国人一样开车上班。路上要花 30 分钟，也是普通水平。故事还列举了史密斯先生其他许多体现他普通的特征，但由于太过于普通，反而让人觉得他很特别。那史密斯先生到底是不是一个普通人呢？

Step
2

求增长率的平均数

以下数据为营业额的增长率，请求出平均增长率。

●图2

	A	B	C	D	E	F
9	●营业额增长率					
10		第1期	第2期	第3期	第4期	第5期
11	营业额	¥15,550,000	¥17,800,000	¥18,090,000	¥19,111,000	¥21,500,000
12	增长率		1.145	1.016	1.056	1.125
13						
14	平均增长率					
15	1.084	← =GEOMEAN（C12:F12）				
16						

计算增长率或价格上涨率通常使用**几何平均数**。使用的函数为 **GEOMEAN 函数**。

Step
3

求平均时速

以下数据为电车的时速，请求出这列电车的平均时速。

●图3

	A	B	C	D	E	F
18	●电车速度（km/h）					
19	A 区间	B 区间	C 区间	D 区间	E 区间	F 区间
20	180	160	220	200	150	180
21						
22	平均速度					
23	179	← =HARMEAN（A20:F20）				
24						

这种情况通常使用**调和平均数**。使用的函数为 **HARMEAN 函数**。

3.3

加权平均数

生产现场经常用到的加权平均数

这一节我们继续讲述平均数相关的内容。

某家网店销售五种平板电脑，其价格分别为 12,800 日元、15,600 日元、18,800 日元、21,200 日元和 24,000 日元。

那么这家网店销售的平板电脑的平均价格是多少呢?

用**算术平均**法来计算就是将五种平板电脑的单价相加然后除以 5，结果为 18,480 日元。

这种计算方式本身当然没有错误。但我们还可以在考虑了销售情况的基础上计算出平均价格。假设 5 种平板电脑的累积销售数量分别为 1,000 台、3,000 台、2,000 台、1,000 台、500 台，这时我们可以将 5 个单价分别和相应的累积销售数量相乘，然后除以总销售数量(7,500 台)。

类似这样对每组数据加权之后求得的平均数被称为**加权平均**数，上述例子中的"权"即是累积销售数量。换句话说，这种方式求出的平均数中添加了对销售情况的权重考量。

随机加权的情况

有时我们可以随意对某个数据进行加权。比如大学招生考试时，不同学校或专业会将某些科目的分数权重降至 1/2 或提高 2 倍。这就是典型的随机加权。

● 算术平均数

商品名	价格
平板电脑 A	¥12,800
平板电脑 B	¥15,600
平板电脑 C	¥18,800
平板电脑 D	¥21,200
平板电脑 E	¥24,000
平均数	¥18,480

← 算术平均数（合计 / 种类数量）

● 加权平均数

商品名	价格	累积销售数量	合计
平板电脑 A	¥12,800	1,000	¥12,800,000
平板电脑 B	¥15,600	3,000	¥46,800,000
平板电脑 C	¥18,800	2,000	¥37,600,000
平板电脑 D	¥21,200	1,000	¥21,200,000
平板电脑 E	¥24,000	500	¥12,000,000
平均数			¥17,386.67

加权平均数（总合计 / 累积销售数量总计）

在这个例子中，加权平均数的值要低于算术平均数。
由此可以看出，低价商品更受消费者欢迎。

3.4

中位数和众数

中位数和众数

接下来我们将继续使用 3.1 节中两组人员的例子。

将这两组人员的年龄进行算术平均，其结果完全相同，但其成员的特征却大相径庭。那么我们来考察一下其他反映年龄特征的指标，它们就是中位数和众数。

中位数又称中值（Median）。将各组人员的年龄按从小到大的顺序排列[1]，位于最中间的数值就是中位数。

比如一组数据的个数为 11 个，从最小的数字开始数，第 6 个数字就是中位数。

当然，数据的个数为偶数的话就不存在位于正中央的数字。这时就取中间两个数值的平均数（比如 10 个数据的中位数为第 5、第 6 个数据的平均数）作为中位数。

众数（Mode）指数据中出现次数最多的数值。体现在直方图（参照 3.6 节）中就是最高的组段（Bin），即频数最大的组段的组中值[2]。

介绍完以上内容，我们来看 A 组和 B 组的中位数及众数(参照下图)。

A 组的中位数为 44.5 岁，众数为 40 ~ 49 岁（44.5 岁）。B 组的中位数较低，为 37 岁；众数却极高，为 60 ~ 70 岁（64.5 岁）。由此可以看出，即使是平均数相同的数据集，通过中位数和众数来考察也能发现许多不同的特征。

---

[1] 从大到小的顺序也可以。
[2] 组中值及频数等术语请参照 3.5 节。

● 求中位数及众数

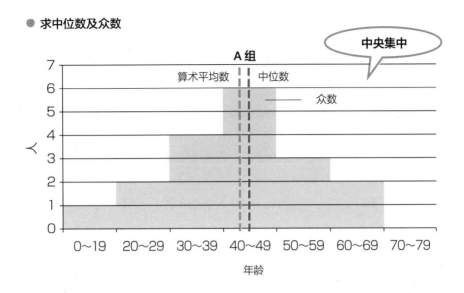

| 平均数 | 42.8 | 中位数 | 44.5 | 众数 | 40～49岁 |

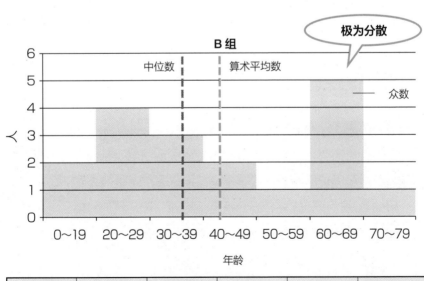

| 平均数 | 42.8 | 中位数 | 37 | 众数 | 60～69岁 |

3.5

频数分布表

展示集体特征的一览表

如果仅仅用数字罗列集体的各个构成要素的数值，查看数据的人很难直接从中发现该集体的特征。

但如果将构成该集体的数值划分成若干个区间（这些区间被称为组段），然后计算出各个组段的频数（数据个数）并做成表格，则很容易就能掌握该集体的特征。这类表格被称为频数分布表[1]。

频数分布表中的组段都是被分割出来的区间，因此都存在上限值和下限值。上限值和下限值的平均数叫作组中值。我们可以将组中值看作该组段的代表性数据。

频数最多的组段的组中值就是众数。

此外，各个组段的频数在整体中所占的比例被称为相对频数。而到某个特定组段为止的各组段的频数逐级累加就是累积频数，累积频数在整体中所占的比例被称为累积频率。

如何制作频数分布表

下一页的内容就是制作频数分布表的具体例子。比起枯燥无味的数据罗列，观察频数分布表是不是更容易理解各个要素的含义？

但即使制作成频数分布表，也很难达到一目了然的程度。

要想直观地掌握数据的特征就需要将频数分布表做成直方图。

下一节中我们将就直方图进行说明。

---

[1] 也称频数分布。

● 频数分布表的结构

枯燥无味的数据罗列

●数据集

34岁	45岁	46岁	47岁	52岁	55岁
48岁	71岁	28岁	67岁	39岁	33岁
51岁	66岁	24岁	44岁	32岁	19岁

●频数分布表

数据区间	组中值	频数	相对频数	累积频数	累积频率
0~19	9.5	1	5.6%	1	5.6%
20~29	24.5	2	11.1%	3	16.7%
30~39	34.5	4	22.2%	7	38.9%
40~49	44.5	5	27.8%	12	66.7%
50~59	54.5	3	16.7%	15	83.3%
60~69	64.5	2	11.1%	17	94.4%
70~79	74.5	1	5.6%	18	100.0%

一眼就能看出众数是
哪一个

可以看出，二者相加之
和已经过了半数

将无序的数字排列制作成频数分布
表后，数据的特征开始显现。
为了进一步实现可视化，我们必须
灵活运用直方图。

3.6

直方图

什么是直方图

利用频数分布表绘制的柱形图被称为直方图。直方图的纵轴为频数或相对频数，横轴为组段。柱形图展现的是各组段的频数。

3.4 节中的两个图表都是直方图。请再次回顾这两幅图。在罗列的数据及频数分布表中难以直观体现数据集的特征，但绘制出直方图后则变得一目了然。

也就是说，直方图最大的作用在于从视觉上把握数据的特征。

丰田将这种通过视觉来说明事物的方式称为可视化，可以说直方图就是无序数据的可视化。

直方图的特点

直方图的横轴为组段。组段虽然都做了区分，但相邻组段的数值是连续的，因此一般直方图的各长方形之间都没有空隙，完全贴合在一起。这一点上它和普通的柱形图不同。

此外，从比率角度来看直方图，所有长方形所占的区域为 100%，而各个长方形的面积则反映了它在整体中所占的比例。

最后，用 Excel 绘制直方图时必须运用特殊技巧来消除各个长方形之间的空隙。具体请参照接下来的 Do It Excel ②。

● **频数分布表的结构**

○ 典型的柱形图

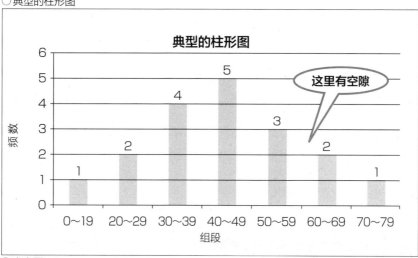

○ 直方图

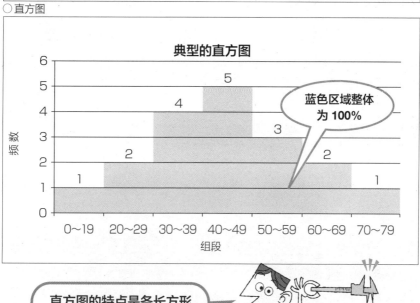

绘制直方图

下面是顾客信息中显示顾客到店次数的数据。请用这些数据制作频数分布表和直方图。

●到店次数

3	1	3	4	5	7
2	1	4	5	6	7
2	9	2	12	4	5

使用"数据分析"中的"直方图"

首先设定制作频数分布表所必需的"接收区域"。这个区域包括各个组段。

从"数据"菜单中选择"数据分析"[1]。选择界面上的直方图，点击确定。

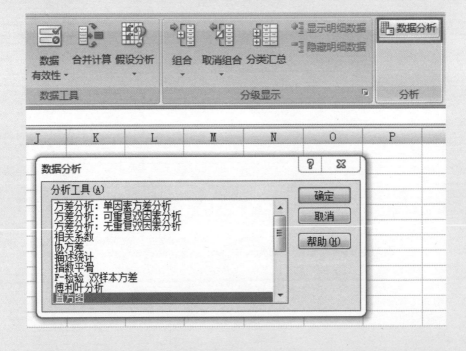

---

[1] Excel 中没有"数据分析"时，选择"文件"菜单→"选项"→"加载项"→"管理"→"Excel 加载项"，选择"分析工具库"然后点击确定就可以了。具体请参照 Column ④。

Step 2

在直方图界面中输入必要信息

　　打开直方图界面后要设定"输入""接收区域""输入区域",然后勾选"标志"和"图表输出"。具体操作见下图。

接收区域

Step 3

调整条形之间的空隙

　　点击确定后会自动生成频数分布表和柱形图。为便于理解,我们可以将频数分布表中的"到店次数"改为"0~1""2~3"的形式,柱形图也会相应地发生变化。然后双击柱形图的条形,在"设置数据点格式"的"系列选项"中将"分类间距"调整为"0%",空隙就消失了。最后适当更换一下标题,直方图完成!

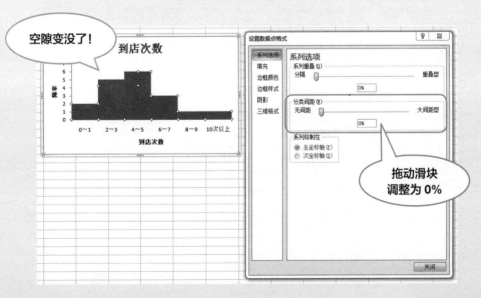

空隙变没了!

拖动滑块
调整为 0%

3.7

数据分布的离散程度

什么是描述性统计量?

平均数、中位数、众数等体现数据分布特征的统计量被称为描述性统计量,它们因为比较典型地反映了数据的特性而得名。

但描述性统计量还有很多,并不仅限于平均数、中位数、众数,体现数据离散程度的指标也是其中之一。下面我们来看一个具体事例。

高田先生是某饮食连锁店的高级顾问。这家连锁店有北店和南店两家店铺,二者半年来营业额的平均数、中位数都相等(参照下图)。高田先生是否应该以这些数值为依据,给予两家店铺相同的经营建议呢?

这时要考虑离散程度

这时要进一步考察的数据之一就是两家店铺营业额的离散程度。请仔细观察北店和南店营业额的推移情况。南店的营业额没有大幅上涨或下跌的情形,比较稳定。

而北店各个月份营业额的涨跌幅度非常之大。

也就是说北店的经营状况很不稳定。

用统计学的语言来讲就是北店营业额的离散程度较大,南店则较小。

现在请读者思考一下,如果将离散程度数据化,那是不是就能对北店和南店——也就是两组不同数据集(营业额)进行比较了?

北店和南店的营业状况相同？

单位：万日元

4月	5月	6月	7月	8月	9月	平均数	中位数
1,200	1,800	900	1,500	1,000	800	1,200	1,200

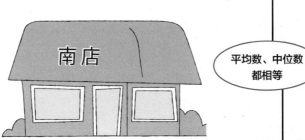

平均数、中位数
都相等

单位：万日元

4月	5月	6月	7月	8月	9月	平均数	中位数
1,000	1,100	1,300	1,200	1,400	1,200	1,200	1,200

两家店营业额的平均数和中位数都相等。那它们的营业情况是不是就完全相同呢？

3.8

极差

用最大值和最小值求极差

测定数据离散程度的方法非常简单，首先确定最大值和最小值，然后求它们的差就可以。

最大值指一组数据内所有数值当中最大的数值，相反，最小的数值就是最小值。

用最大值减去最小值就是这组数据的分布范围，这个范围被称为极差。

假设两组数据的平均数相同，一方的极差大于另一方。这就代表极差较大的那组数据的离散程度更高。

比较北店和南店的极差

接下来我们再看上一节所说的北店和南店。北店营业额的最大值为 1,800 万日元，最小值为 800 万日元，因此它的极差为 1,000 万日元。

而南店营业额的最大值为 1,400 万日元，最小值为 1,000 万日元，极差为 400 万日元。

若用极差来衡量，北店营业额的离散程度比南店高 600 万日元。

这时高田先生作为高级顾问应该指导北店尽量缩小营业额的变动幅度，维持营业的稳定性，同时兼顾平均营业额的提升。

● 北店和南店的极差比较

	4月	5月	6月	7月	8月	9月	平均数/万日元
北店	1,200	1,800	900	1,500	1,000	800	1,200
南店	1,000	1,100	1,300	1,200	1,400	1,200	1,200

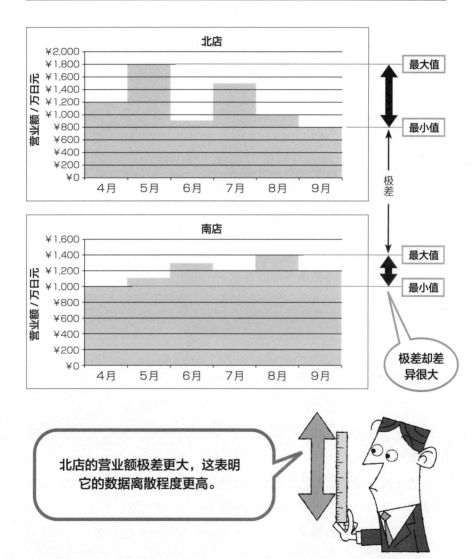

北店的营业额极差更大，这表明它的数据离散程度更高。

3.9

方差

不同水平的数据集之间的比较

3.8 节中，北店和南店的营业额大体相仿，但如果是月营业额为亿元级别的店铺和千万元级别的店铺，仅仅比较极差无法准确反映两家店铺的数据离散程度。

这时候就要用标准差与变异系数[1]，这两个概念在所有统计学书籍中都必然会涉及。

标准差是反映数据离散程度的指标之一，正如名字中体现的，将数据标准化是它最大的特点。

有了它，就可以将平均数相同的两个数据集放在同一个天平上比较其数据的分散程度。

计算标准差首先必须算出方差。

方差也是统计学书中必然出现的概念，因此我们有必要先对它进行详细介绍。

方差的内涵

方差反映了数据集内各个数据和平均数的平均差距的大小。

这个值越大就代表各个数据和平均数的平均差距越大，也意味着数据的离散程度更高。

方差可以通过代数计算求出（参照下图）。首先用各个数据减去平均数，然后求出其平方的和（偏差平方和[2]），最后除以数据的个数。

这样就可以用数值来体现各个数据和平均数之间的差距。

---

[1] 比较不同水平或度量单位的数据集的离散程度的指标。详情请参照 3.10 节。
[2] 这一点将在 Data Science ①中再次介绍。

● 理解方差的概念

平均数 / 万日元

和平均数的差

800　900　1,000　　　　1,200　　　　1,500　　　　1,800

9月　6月　8月　　　　4月　　　　7月　　　　5月

和平均数的差　　和平均数的差

●数据－平均数的和

800 –	1,200	=	–400
900 –	1,200	=	–300
1,000 –	1,200	=	–200
1,200 –	1,200	=	0
1,500 –	1,200	=	+300
+ 1,800 –	1,200	=	+600
			0

●（数据－平均数）^{2} 的和

$(800 – 1,200)^2$	=	160,000
$(900 – 1,200)^2$	=	90,000
$(1,000 – 1,200)^2$	=	40,000
$(1,200 – 1,200)^2$	=	0
$(1,500 – 1,200)^2$	=	90,000
$+ (1,800 – 1,200)^2$	=	360,000

> 如果是 0 则没有意义

> 为防止出现负数，要求其平方

偏差平方和 ⟶ 740,000

偏差平方和 / 数据的个数 ⟶

方差 ⟶ 123,333

> 偏差平方和除以数据的个数得出的值就是方差。

3.10

标准差与变异系数

标准差

正如 3.9 节中所说，方差的特点是用数据集的平均数减去各个数据的值，并求出各个差的平方和的算术平均数[1]。这样一来，数据单位也会变成原有单位的平方。因此我们要求出方差的平方根，数据的单位就会变回原有的单位。而方差开平方的值就是标准差。

和方差一样，标准差的值越大，数据的离散程度就越大；标准差值越小，数据的离散程度也就越小。但即使是标准差也无法对不同水平（销售规模为每月数亿日元和每月数千万日元）或不同度量单位（价格和个数）的数据集进行比较，实现这类比较必须用到变异系数。其计算方法非常简单，用标准差除以数据集的平均数即可。

变异系数

用标准差除以平均数作用就是反映构成平均数的单位均值上的离散程度。

不管数据原来的单位是"亿日元"、"万日元"还是"个"，经过除法运算后它们都是构成平均数的单位均值，因此即使是不同水平或度量单位的数据集也可以进行比较。

下图展示的是标准差和变异系数的计算公式，二者都是考察对统计学基础的理解程度的试金石。请大家牢牢记住这两个公式，并按照 Do It Excel ③的方法实际用 Excel 计算一下标准差及变异系数。

---

[1] 若单纯求和，结果将是 0。为避免 0 值出现，要先求其平方再求平方的和。具体请参照 Data Science ①。

● 灵活运用标准差

标准差

 公式 标准差（σ）= $\sqrt{\text{方差}(V)}$

$\sqrt{123{,}333} \approx 351$（单位：万日元）

因为取的是平方的平方根，所以计算出的结果可以直接使用数据原来的单位。

● 灵活运用变异系数

变异系数

 公式 变异系数（CV）

$$= \frac{\text{标准差}(\sigma)}{\text{平均数}(m)}$$

$351 \div 1{,}200 = 0.29$

即使是规模或度量单位不同的数据集，使用变异系数也能比较它们的离散程度！

统计学的关键！理解方差、标准差、变异系数

首先理解方差的原理

方差、标准差、变异系数背后的计算思路如下。

假设有一组数据集，我们已经清楚所有的数值，因此很容易就能求出其算术平均数。

相应地，各个数值减去平均数的差值也能计算出来。各个数值和平均数的差叫作**偏差**。

> 偏差：各数值和平均数的差

偏差有正值也会有负值，因为是以平均数为基准，所以全部的偏差值相加结果为零。因此我们求所有偏差值的平方来消除负值，这就是**偏差平方**。

> 偏差平方：偏差的平方值

接下来求所有偏差平方的和，这就是偏差平方和。

> 偏差平方和：偏差平方的和

求偏差平方和要先求出各个数据和平均数的差值的平方，然后将平方数全部相加，相加得到的数值接下来用平方数，除以数据的个数。它的意思是各个数据到平均数的平均距离的平方。这就是方差的真正含义。

> 方差：偏差平方和除以数据的个数，是各个数据到平均数的"平均距离的平方"。

标准差和变异系数的原理

但方差是一个平方数，度量单位也变成了原有数据单位的平方，因此要开

平方将度量单位还原。得出的结果就是**标准差**。

> 标准差:方差的平方根,反映各个数据到平均数的平均距离。这个值越大说明平均距离越长,数据的离散程度越高。

标准差取决于平均数的大小。平均数越大,标准差就越大;平均数越小,标准差也相应越小。因此标准差无法用来比较平均数不同的数据集以及度量单位不同的数据集的离散程度。

这时就需要计算出单位均值的大小,以便于比较不同水平(平均数)或不同度量单位的数据集。这就是**变异系数**。

> 变异系数: 标准差除以平均数。表示单位均值的大小,可以用来比较水平或度量单位不同的数据的离散程度。

许多人止步于统计学的基础部分,往往就是因为他们没能理解方差、标准差、变异系数的含义。

请大家一定要将这三者理解透彻。

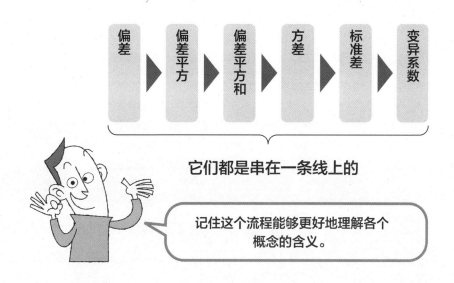

偏差 ▶ 偏差平方 ▶ 偏差平方和 ▶ 方差 ▶ 标准差 ▶ 变异系数

它们都是串在一条线上的

记住这个流程能够更好地理解各个概念的含义。

计算方差、标准差、变异系数

下面的表格是东京店和大阪店过去六个月的营业额一览表。哪家店铺的营业额的离散程度更高呢?

Step 1

求方差(VAR.P 函数)

将 A6:D8 设定为方差、标准差、变异系数计算结果的输出区域。然后选中 B7,输入 =VAR.P(B3:G3),然后粘贴单元格到 B8。

VAR.P 函数是用来计算方差的函数,计算的参数是总体[1]。

Step 2

求标准差(STDEV.P 函数)

接下来选中 C7,输入 =STDEV.P(B3:G3),然后复制单元格到 C8。

STDEV.P 函数是计算标准差的函数,计算的参数为总体[2]。

Step 3

求变异系数(标准差 ÷ 平均数)

接下来选中 D7,输入 =C7/H3,然后复制单元格到 D8,即大阪店和东京店各自的标准差与平均营业额的比值。参照下图。

通过以上步骤就可以计算出方差、标准差和变异系数。值得关注的是大阪店和东京店的变异系数。大阪店为 0.168,而东京店仅为 0.078。由此可以看出,大阪店的营业额比东京店的变动幅度大。

变异系数的数值很小时,也可乘以 100,用百分比来表示。

---

[1] 从给定样本推算总体的方差时应选用 VAR.S 函数。本次计算的是过去六个月的所有数据,因此选用了 VAR.P 函数。
[2] 从给定样本推算总体的标准差时应选用 STDEV.S 函数。本次计算的是过去六个月的所有数据,因此选用了 STDEV.P 函数。

	A	B	C	D	E	F	G	H
1	营业额表（万日元）							
2	店铺名	4月	5月	6月	7月	8月	9月	平均营业额
3	大阪店	2,200	1,800	1,500	2,100	2,400	1,600	1,933
4	东京店	14,200	12,500	12,800	15,600	13,900	14,900	13,983
5								
6	店名	方差	标准差	变异系数				
7	大阪店	105,556	325	0.168				
8	东京店	1,184,722	1,088	0.078	← C8/H4			
9								
10								
11								
12	=VAR.P（B4:G4）							
13								
14	VAR.P 函数计算的是样本总体的方差。							
15	计算总体中的部分样本时则选用 VAR.S 函数。							
16								
17	=STDEV.P（B4:G4）							
18								
19	STDEV.P 函数计算的是样本总体的标准差。							
20	计算总体中的部分样本时则选用 STDEV.S 函数。							

从变异系数可以看出，大阪店的营业额变动幅度更大。

若使用函数，不用进行复杂的运算就能算出方差和标准差。尤其是变异系数，在比较公司不同部门的表现时非常有用。

3.11

标准正态分布

数据的散布状态

假设有一个数据集合，数据分散在集合内的各个位置。有时我们需要考察这些数据的分散——也可说是分布的规律性。

事实上，人们已经发现了很多规律性的分布状态，其中最有名的就是正态分布。

我们以考试成绩为例进行说明，接近平均分的人数最多，离平均分越远，人数就越少。将成绩的分布状况绘制成图形就是正态分布图（参照下图）。

如图所示，正态分布的形状是左右对称的钟形。钟形的最顶点就是平均数。虽然同为钟形，不同数据集合绘制出图形的形状也各异，有的曲线矮平，有的则高耸。

但所有正态分布一定都具备以下几个特征。

---

①任意数据在**平均数−标准差**[1]到**平均数＋标准差**区间内的概率为 68.3%。

②任意数据在**平均数−标准差** ×2 到**平均数＋标准差** ×2 区间内的概率为 95.4%。

③任意数据在**平均数−标准差** ×3 到**平均数＋标准差** ×3 区间内的概率为 99.7%。

平均数为 0，标准差为 1 的正态分布被称为标准正态分布。

---

[1] 标准差一般用 σ 表示。

● 正态分布

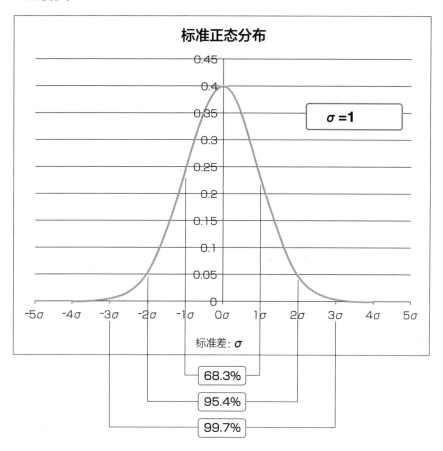

3.12

Z 分数和 T 分数

想要知道单个数据的位置

有时我们需要知道某个特定数据在集合中的位置，这就需要用到 Z 分数。

Z 分数的计算是一个数据减去平均数然后除以标准差。

各个数据和平均数的差被称为偏差[1]，代表它们和平均数之间的距离。用它除以标准差就是以 1σ 为尺子去衡量该数据偏离平均数的距离。

另外，偏差的和为 0，因此作为基准的平均数也同样是 0。

简言之，Z 分数表示的是各个数据在集合内的相对位置（x 值）。

这样一来，我们就能够比较分属于平均数或方差不同的数据集内的数据。

考试时经常用来衡量成绩的 T 分数

但在衡量考试结果的时候，如果将平均数定为 "0" 来考察各个学生的名次会让人比较费解。

这时 T 分数就应运而生了。

T 分数不过是将平均数定为 50，标准差设定为 10。换句话说，将你的考试成绩减去整体成绩的算术平均数后乘以 10，然后除以标准差，再加上 50，得出的就是 T 分数。

知道了 T 分数，也就准确知道了你的考试成绩在所有学生中所处的位置[2]。

---

[1] 这一点已在 Data Science ① 中做过说明。
[2] T 分数不仅可以用来衡量考试成绩，还可以用在员工能力或某种商品的客户（顾客）满意度的数值化等许多方面。

● *Z* 分数和 *T* 分数

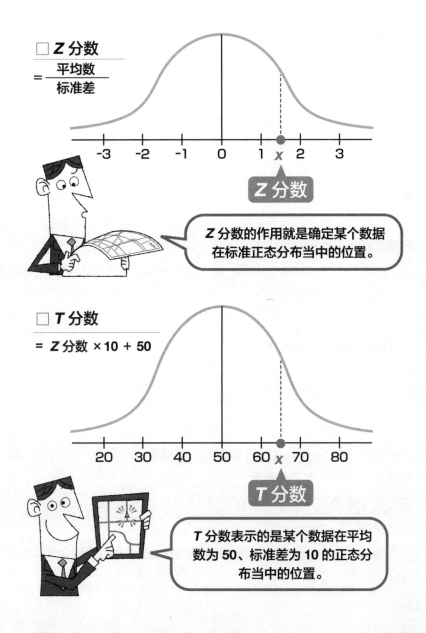

□ **Z** 分数

$= \dfrac{平均数}{标准差}$

Z 分数

Z 分数的作用就是确定某个数据
在标准正态分布当中的位置。

□ **T** 分数

= **Z** 分数 × 10 + 50

T 分数

T 分数表示的是某个数据在平均
数为 50、标准差为 10 的正态分
布当中的位置。

3.13

将标准差应用到库存管理中

在经营中活用统计学知识

下面介绍一个将标准差和正态分布应用到商务活动中的例子。

库存管理是公司利润提升活动中不可或缺的一个环节。库存周期越长，存货周转率[1]就越低。这将导致总资产周转率的下降，进而影响总资产经常利润率。关于这一点，第 2 章的 KPI 部分（2.7 节）已经做过阐述。

因此提高商品周转率，即适当的库存管理能够很大程度地帮助总资产经常利润率提升。

库存过多则周转率会下降，而如果过少又可能导致缺货，因此找准合适的库存量非常关键。

使用标准差来管理库存

使用标准差来管理库存的方法其实非常简单。

首先要获取各个商品每天的销售个数信息，然后计算出平均销售个数，用 Do It Excel ③ 中介绍的方法计算出标准差。

正如 3.11 节中所说，任意数据在**平均数 − 标准差 ×2** 到**平均数 +标准差 ×2** 区间内的概率为 95.4%。 因此，只要将库存保持在平均销售个数 +标准差 ×2 个，就有 97.7%[2] 的概率能防止缺货，同时也能避免库存过多[3]。

知道了这个原理，现在开始您也用同样的方法来做一下库存管理怎么样？

---

[1] 请参照第 2 章 Management Science ② 。下文中的经营指标也请同样参照该部分。
[2] 这种情况下只需考虑正态分布的右侧即可，95.4% + 4.6%/2 = 97.7%。
[3] 这里有一个前提就是销售个数必须是正态分布。

● 应用了统计学知识的库存管理

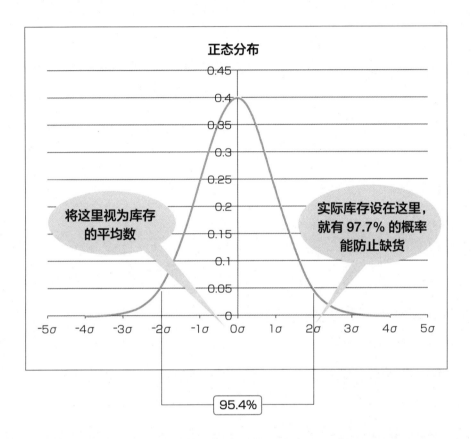

正态分布

将这里视为库存的平均数

实际库存设在这里，就有 97.7% 的概率能防止缺货

95.4%

原来正态分布还能灵活运用到
库存管理上！
真想马上试一下！

手头应该持有多少现金？

以下是某公司半年来的月末支付额。该公司月末持有多少现金才能保证资金的良好运转？

Step 1 求平均数，绘制图形

在 H3 中求出 B3:G3 的平均数，然后用 A2:G3 绘制出支付额变动图。图中用直线表示平均数。

Step 2 求标准差

求出支付额的标准差。使用 STDEV.P 函数，A25 中的数学式为"STDEV.P（B3:G3）"[1]，可以计算出标准差为 347,487 日元。

Step 3 求应该持有的现金

在 A27 中求出应该持有的现金。数学式为**平均数 ＋ 标准差 ×2**，即"=H3 ＋ A25×2"。

计算结果约为 3,003,307 日元，也就是说该公司若在月末持有大约 300 万日元，就有 97.7% 的概率能保证资金正常运转。

---

[1] 这里将 6 个数据视为总体，因此使用 STDEV.P 函数。如果将其视为部分样本则使用 STDEV.S，二者的计算结果不同。

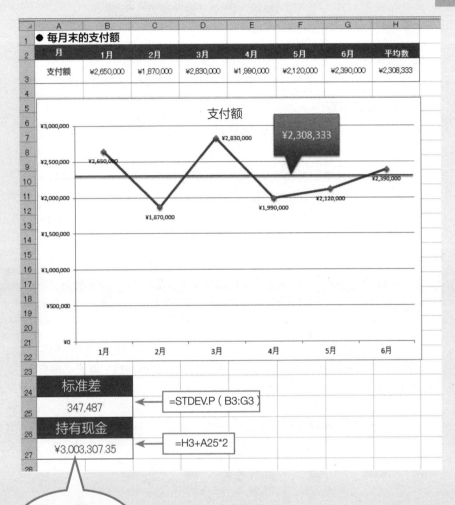

● 每月末的支付额

月	1月	2月	3月	4月	5月	6月	平均数
支付额	¥2,650,000	¥1,870,000	¥2,830,000	¥1,990,000	¥2,120,000	¥2,390,000	¥2,308,333

支付额

¥2,308,333

标准差
347,487

=STDEV.P（B3:G3）

持有现金
¥3,003,307.35

=H3+A25*2

300 万日元左右
的现金即可保证
资金正常运转

在这个例子中，手头有 300
万日元现金，就有 97.7%
的概率能避免支付困难。
这就叫有备无患！

Column 3 6σ（六西格玛）

六西格玛品质管理

在众多防范产品偏差，维持产品质量的生产管理方式中有一种叫六西格玛（6σ）。

请回忆一下标准正态分布。任意数据在平均数 − 标准差 ×3 到平均数 + 标准差 ×3 区间内的概率为 99.7%。

也就是说，这时不良品或错误的发生率为 0.3%。这被称为 3σ，以 3σ 为标准的质量管理被称为三西格玛。日本的制造业过去也曾以三西格玛为目标进行品质管理。

美国的摩托罗拉公司学习了日本的这种质量管理体制并建立了更高的标准，就是六西格玛。六西格玛要求不良品或错误的发生率为 3.4%。这一标准非常之严苛。

摩托罗拉为了实现六西格玛，还开展了测量 - 分析 - 改进 - 控制的 MAIC 步骤。后来这一方法被德州仪器公司和通用电气公司引用，取得了良好的效果。

● MAIC 步骤

第 4 章
用相关分析挖掘潜藏商机

4

《点球成金》中，比利·比恩看到

得分和上垒率之间存在极显著的相关关系，

这是运动家队走上发展快车道的重要原因。

像这样，如果能发现其他人都没有察觉到的相关关系就能获取巨大的

利益。

本章将要介绍的就是找出这种相关关系的方法，也是数据科学家必须

掌握的技能——相关分析。

4.1

相关关系在商业中的重要性

隐藏的相关关系就是商业机会

不同现象之间相互影响的关系叫作相关关系。比如现象 X 变化时现象 Y 也发生变化，那么现象 X 和现象 Y 之间存在相关关系。我们一般都是从经验上把握现象之间的相关关系。比如：2 月和 8 月的营业额会减少（2 月、8 月和营业额减少之间存在相关关系），附加赠品营业额会上升（赠品和营业额上升之间存在相关关系），离车站越远，房屋的房租就越便宜（到车站的距离和房租之间存在相关关系），其他还有很多例子。

但是仅靠经验来判断相关关系存在很大的风险。比如我们过去一直将 2 月和 8 月称为"二八季"，认为到了这两个月份营业额一定会下降。但是在业界（巧克力产业、旅游区或部分网上商店）可能却是爆发期。此外，随着社会的发展，越来越多的客人开始反感在销售商品时附赠商品的做法。

数据科学家的任务

统计在确认相关关系的真实性方面起着巨大的作用。而且如果能发现上垒率和队伍的得分有着显著的相关关系这类超出常识的相关关系，其背后可能是巨大的商机。

而发现这类相关关系就是数据科学家的任务。

● 应用了统计学知识的库存管理

棒球选手必备的素质

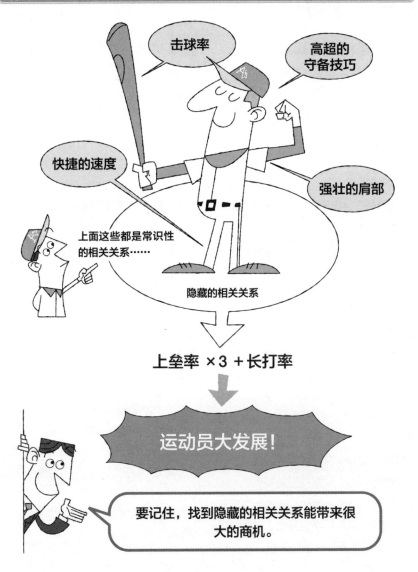

理解相关关系和因果关系的不同

人们经常把两者弄混

如 4.1 节中所说，当现象 X 变化时现象 Y 也发生变化，那么我们就称现象 X 和现象 Y 之间存在相关关系。

如果将相关关系稍微向外延伸一点思考，就涉及现象 X 和现象 Y 之间的因果关系问题。

但现象 X 和现象 Y 之间存在相关关系并不一定就代表二者存在因果关系。因为很可能还有推动现象 X 和现象 Y 变化的第三因素——现象 Z 存在。

比如学生背包和学习机。

假设某店铺的经理发现了学生背包的销售额上涨，学习机的销售额也会上涨这一现象。如果从这一现象推出"因为背包卖得好（原因），所以学习机的销售额也会上涨（结果）"这一结论，那这就是一位不合格的经理。的确，背包销售额上涨学习机销售额也会上涨这一现象可能会出现，这时我们可以说二者的销售数量之间存在相关关系。

但我们还应当看到二者销售额同时上涨的背后还有新学期开始，学生对二者需求量的上涨这一影响因素。

因果关系成立的条件

现象之间存在相关关系，所以二者之间是因果关系，这种想法非常武断。对于事物的因果关系来说，相关关系并非充分条件，而是一个必要条件。也就是说，没有相关关系就不存在因果关系。

但因果关系如果要成立，除相关关系外，还必须规定时间顺序、排除第三因素等。

时间顺序指的是原因必须先于结果。如果这个顺序反了过来，则因果关系不成立。

此外，排除第三因素指的是明确现象 X 和现象 Y 的背后不存在推动二者变化的现象 Z。即：

> ① 存在相关关系
> ② 时间顺序正确
> ③ 不存在第三因素

满足上述所有条件时，现象 X 和现象 Y 之间存在因果关系。

数据科学家必须深刻理解这一点。

● 因果关系的成立

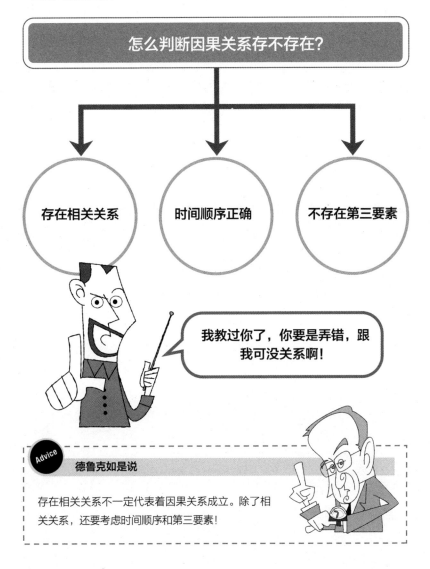

4.2

验证相关关系的基本步骤

枯燥的工作必不可少

要找出事物背后隐藏的相关关系，一些枯燥的工作非常必要。

具体来说就是要找出两个事物变化的要素，查看它们之间是否相关。如果不相关就找下一个，再下一个，不停重复这个过程。因此说它是一份枯燥的工作。

验证相关关系有一套基本的步骤，首先我们要掌握这套步骤，然后还必须思考的一点就是如何将枯燥的工作做得更高效。

接下来我们将用一个简单的例子来说明应该通过哪些步骤来辨别现象 X 和现象 Y 之间是否存在相关关系。

活动举办费用和游客数量的关系

山本是隶属于某公司营销部门的数据专家。

过去十年里，公司每年暑假时都会举办大型活动。

但是今年公司好像要削减活动预算。

大家一直都想当然地认为活动费用和游客数量存在着相关关系。但出于一个数据科学家的敏感性，山本想借机确认这种相关是否真的存在。如果真的存在，或许能够预测出削减预算后游客数量的减少程度。

那么应该采取什么步骤来确认呢？

● 发现相关关系的步骤

4.3

相关关系可视化——散点图

通过图形来掌握大体趋势

山本的手上已经有过去十年的活动费用和游客数量的数据。确认这些数据是否相关的第一步就是要可视化，也就是图形化。

体现相关关系有无的图表是散点图。它是将由两个值构成的数据放到由横轴（X轴）和纵轴（Y轴）构成的坐标轴中。

比如以活动费用为横轴、以游客数量为纵轴，2010年的活动费用为 4,300 万日元，游客数量为 23,500 人，它在散点图上的点（数据标记）就位于横轴 4,300 万日元、纵轴 23,500 人的交叉位置上。

然后用同样的方法将所有数据都放到坐标轴上，我们就能观察到它的整体趋势了。

正相关、负相关、不相关

下图就是利用这种方法把统计表中的数据绘制成了散点图。从图中可以看出，数据呈向上攀升的走向。

这时的向上攀升就表明活动费用增加，游客数量也相应增加。我们称其为正相关。

相反，如果一方增加而另一方减少，则称为负相关。

这样看来，活动费用和游客数量真的存在相关关系。

● **活动费用和游客数量的关系**

●活动费用和游客数量

年	2004	2005	2006	2007	2008	2009	2010	2011	2012	2013
费用 / 万日元	3,500	3,500	3,800	4,000	4,000	4,300	4,300	4,500	5,000	5,200
游客数量 / 人	18,000	16,800	20,000	18,000	22,000	25,000	23,500	24,000	27,000	32,000

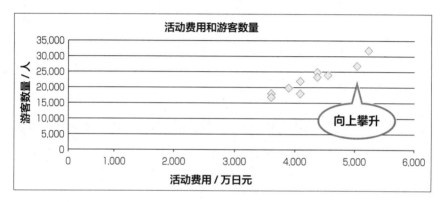

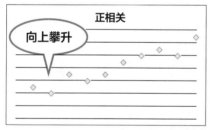

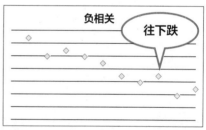

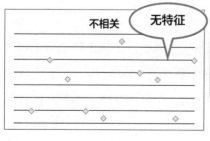

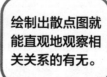

绘制出散点图就能直观地观察相关关系的有无。

4.4

相关关系强弱性——相关系数

相关关系也存在强度

上一节中我们将活动费用和游客数量进行了可视化，发现二者存在相关关系。

但散点图这种可视化做到的只是能看出来二者存在相关关系，给人一个感性的印象。要确认二者是否真正相关必须要有客观的数字。这就是相关系数。

相关系数的范围为 $-1 \leqslant 0 \leqslant 1$，数值越接近 + 1 正相关就越强，越接近 -1 负相关就越强。数值越接近 0 代表相关关系越弱。一般来说，从相关系数可以得出以下结论。

相关系数代表的意义

```
0.7 ～ 1···············强正相关
0.5 ～ 0.7···············弱正相关
0.5 ～ -0.5···············不相关
-0.5 ～ -0.7···············弱负相关
-0.7 ～ -1···············强负相关 [1]
```

使用 Excel 能够非常简单地计算出相关系数。仍然拿活动费用和游客数量来举例，可以计算出二者的相关系数为 0.947，表示二者存在极强的相关关系 [2]。这时我们就能得出结论：如果削减活动预算，游客数量下降的可能性非常大。

---

[1] 考查时一般以 0.7 为基准，超过 0.7 就代表明显相关。
[2] 计算方法请参照 Do It Excel ⑤。

● 用 Excel 计算相关系数

● 活动费用和游客数量

年	2004	2005	2006	2007	2008	2009	2010	2011	2012	2013
活动费用 / 万日元	3,500	3,500	3,800	4,000	4,000	4,300	4,300	4,500	5,000	5,200
游客数量 / 人	18,000	16,800	20,000	18,000	22,000	25,000	23,500	24,000	27,000	32,000

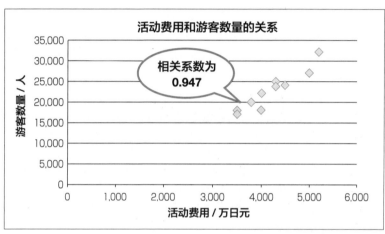

相关系数
0.947

使用 Excel 计算起来非常简便

可以看出活动费用和游客数量之间存在着极强的正相关

通过散点图将相关关系可视化的同时，用 CORREL 函数计算出了相关系数。0.947 这个值已经是相当高了。

散点图和相关系数

某公司人事部的村上正在调查营业部的营业额和他们的加班时间总和之间是否存在相关关系。请通过以下资料进行确认。

	A	B	C	D	E	F	G	H	I	J	K	L	M
1	●营业额和加班时间												
2	年	1月	2月	3月	4月	5月	6月	7月	8月	9月	10月	11月	12月
3	营业额/万日元	1,800	800	2,200	1,000	2,000	2,500	1,200	1,200	2,100	1,800	1,500	3,800
4	加班时间总和/时	1,780	1,700	2,000	1,900	1,900	1,760	1,840	1,700	1,800	1,800	1,800	2,000

绘制散点图

首先利用该表制作**散点图**。选择 B3:M4，从"插入"菜单中选择"散点图"→"仅带数据标记的散点图"。

散点图绘制完成后删除"图例"，再添加适当的标题及横轴标签、纵轴标签。一个散点图就完成了。

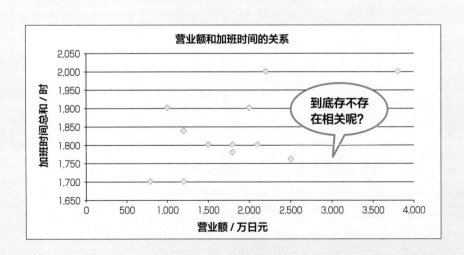

Step
2

找到 CORREL 函数

接下来计算**相关系数**。这时需要用到 CORREL 函数。比如我们可以选中 A29，然后从"公式"菜单中选择"插入函数"，找到 CORREL 函数。

出现函数参数界面后，在 Array1 中输入 B3:M3，在 Array2 中输入 B4:M4。

函数参数		❓ ✕
CORREL		
Array1	B3:M3 🔢	= {1800, 800, 2200, 1000, 2000, 25...
Array2	B4:M4 🔢	= {1780, 1700, 2000, 1900, 1900, 1...
		= 0.577614061

返回两组数值的相关系数

　　　　　Array1　第一组数值单元格区域

计算结果 = 0.578

有关该函数的帮助(H)　　　　　　　　　　　　　确定　　取消

Step
3

计算相关系数

输入参数完毕后按 Enter 键，相关系数的结果就出来了，为 0.578。

相关系数
0.578

=CORREL（B3:M3,B4:M4）

Step
4

对结果进行研究

那么，村上能从这个结果得出什么结论呢？

相关系数为 0.578，说明营业额和加班时间的长度虽然看起来有一些相关，但其强度非常弱 [1]。

从这一点出发就能得出结论：延长加班时间也无益于营业额提升。

而村上如果能以这个结论为依据来推动公司缩短加班时间，那是不是就可以在基本不影响营业额的前提下减少加班费支出（成本）？

这项措施如果得以实施，必定能为公司利润增长做出贡献。

---

[1] 参照 4.4 节中相关系数代表的意义。

4.5

问卷调查的相关关系

顾客满意度调查

我们住宾馆或旅社时，经常能在房间里发现关于设施及服务的调查问卷。

这些问卷里一般都会这样写。

---

❶对您的房间：
①非常满意 ②满意 ③一般 ④不满意 ⑤非常不满意

这些问卷有一个重要作用，通过它们能计算出相关系数，了解哪些因素对**顾客满意度**的影响最大。

假设我们手头上有充足数量的调查问卷，每张问卷都有以下六个评价项目，分为五个评价等级。

❶对您的房间

❷对酒店的餐饮

❸对酒店的洗浴设施

❹对前台的接待态度

❺对服务员的服务

❻综合评价

首先填好这些问卷，然后我们来明确影响顾客满意度的因素，同时思考一下提升顾客满意度（这能够间接地提升营业额）的措施。

● 影响顾客满意度的因素

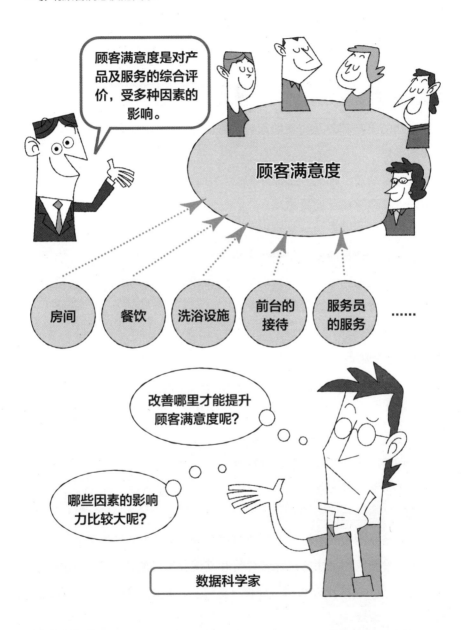

4.6

问卷调查结果的相关矩阵

怎么判断各要素对综合评价的影响力的强弱

下图的上半部分是收集的部分调查问卷结果，每一行都是一名顾客的回答结果。

"非常满意"为5，"非常不满意"为1。显然得分越高，该项目（比如房间）的顾客满意度就越高。

此外，综合评价为顾客对设施及服务的整体性评价，这个数字对于调查它和各个项目的相关关系非常重要。

接下来我们利用问卷调查结果来制作相关矩阵。相关矩阵就是用相关系数来体现各项目之间的相关关系。

什么是相关矩阵

使用 Excel 能够非常快捷地计算出相关矩阵（参照 Do It Excel ⑥）。

下图的下半部分是通过这次问卷调查结果制作出的相关矩阵。

现在请回忆一下相关系数的特性。

相关系数的值越接近 + 1，就代表正相关越强；越接近 –1，代表负相关越强。

如果是 0 则代表不相关，数值越接近 0，其相关关系就越弱。

这里希望大家关注的是综合评价和其他各项目的相关系数。通过观察可以发现，综合评价和洗浴设施（0.72）、前台（0.82）存在着极为明显的相关关系。

● 影响顾客满意度的因素

●问卷调查回答统计

回答人员	房间	餐饮	洗浴设施	前台	服务员	综合评价
1号	5	4	5	5	5	5
2号	4	4	4	4	4	4
3号	3	4	3	4	4	4
4号	5	5	3	4	3	4
5号	4	3	2	3	3	3
6号	3	5	4	4	5	4
7号	3	4	4	4	4	4
8号	3	3	4	5	5	4
9号	5	5	3	4	3	4
10号	4	3	4	3	3	3
11号	3	5	4	5	3	4
12号	3	3	4	5	5	4
13号	5	5	3	4	3	4
14号	5	4	3	4	4	4
15号	4	3	2	3	3	3
16号	3	5	4	4	5	4
17号	3	4	4	4	4	4
18号	5	4	5	5	5	5
19号	4	4	4	4	4	4
20号	3	4	4	4	4	4
平均	3.85	4.05	3.65	4.1	3.9	3.95

●相关矩阵

	房间	餐饮	洗浴设施	前台	服务员	综合评价
房间	1					
餐饮	0.17033343	1				
洗浴设施	-0.1517052	0.11516085	1			
前台	-0.0657082	0.2055887	0.67718236	1		
服务员	-0.3740286	-0.0732143	0.70667795	0.5975921	1	
综合评价	0.21799053	0.41427639	0.7168429	0.82076773	0.59286244	1

要重点关注

做出相关矩阵后，通过相关系数一眼就能看穿调查问卷中各个项目的相关关系的强弱。

用分析工具计算相关系数

现在我们要使用 Excel 的分析工具，根据调查问卷的结果来找出对综合评价（顾客满意度）影响程度大的因素。

Step 1 统计调查结果

首先统计调查结果。每一行对应一名填写了问卷的顾客。一列为一个调查项目，每个调查项目的分数为 1 分（非常不满意）~ 5 分（非常满意）。最后一行为各个项目的平均数。

	A	B	C	D	E	F	G
1	回答人员	房间	餐饮	洗浴设施	前台	服务员	综合评价
2	1号	5	4	5	5	5	5
3	2号	4	4	4	4	4	4
4	3号	3	4	3	4	4	4
5	4号	5	5	3	4	3	4
6	5号	4	3	2	3	3	3
7	6号	3	5	4	4	5	4
8	7号	3	4	4	4	4	4
9	8号	3	3	4	5	5	4
10	9号	5	5	3	4	3	4
11	10号	4	3	4	3	3	3
12	11号	3	5	4	5	3	4
13	12号	3	3	4	5	5	4
14	13号	5	5	3	4	3	4
15	14号	5	4	3	4	3	4
16	15号	4	3	2	3	3	3
17	16号	3	5	4	4	5	4
18	17号	3	4	4	4	4	4
19	18号	5	4	5	5	5	5
20	19号	4	4	4	4	4	4
21	20号	3	4	4	4	4	4
22	平均	3.85	4.05	3.65	4.1	3.9	3.95

Step
2

使用"数据分析"中的"相关"

　　在"数据"菜单中点击"数据分析[1]",弹出"数据分析"界面后在"分析工具库"中选择"相关系数"。在相关系数界面中设定输入区域,选择包括标题在内的整个统计表。然后勾选"标志位于第一行"。

　　然后设定相关矩阵的输出区域。这次我们将它设定在统计表的下方。以上设定完成后点击确定。

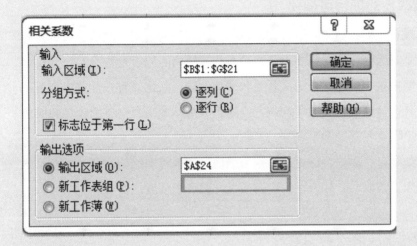

Step
3

相关矩阵完成

　　通过以上操作,相关矩阵就自动生成了。这里需要关注的是第 30 行。这一行里的数值代表着综合评价和其他各项目的相关关系。

24		房间	餐饮	洗浴设施	前台	服务员	综合评价
25	房间	1					
26	餐饮	0.17033343	1				
27	洗浴设施	-0.1517052	0.11516085	1			
28	前台	-0.0657082	0.2055887	0.67718236	1		
29	服务员	-0.3740286	-0.0732143	0.70667795	0.5975921	1	
30	综合评价	0.21799053	0.41427639	0.7168429	0.82076773	0.59286244	1

---

[1] Do It Excel ②中已经讲过,有些用户的 Excel 中可能没有"数据分析"。出现这种情况时请参照本章末尾的 Column ④。

4.7

满意度分析图

将要改善的项目可视化

现在我们找到了对综合评价影响力比较强的因素，但这时最重要的一点是对综合评价的影响力强而且有改善空间的因素是什么？

明确这一点的一个方法就是和平均数进行对比。首先计算出相关系数及各个项目的评分的平均数，以这个数为基准来考察各个项目的数是高于平均数还是低于平均数。

如果存在对综合评价的影响力强而且有改善空间的因素，重点改善这些因素就能提升综合评价，进而提升顾客满意度。

快速找出应该改善的地方

下图中，上方的表格就是对各个项目的评价（也就是满意度）的平均数，并计算出了它们的平均数，为3.91。而各个项目相关系数的平均数为0.553。

需要关注的是满意度低于整体的平均数，且相关系数高于相关系数平均值的项目。这就代表这些项目对顾客的总体满意度有较强影响，但实际满意度却低于平均水平。为了更便于理解，我们将表格做成了下面的散点图。

十字形的线中，垂直线代表满意度的平均数，水平线代表相关系数的平均数。而有底纹的区域则代表满意度低于平均数且相关系数高于平均数的项目。

● 影响顾客满意度的因素

	房间	餐饮	洗浴设施	前台	服务员	平均数
满意度	3.85	4.05	3.65	4.1	3.9	3.91
相关系数	0.218	0.414	0.717	0.821	0.593	0.553

综合平均数

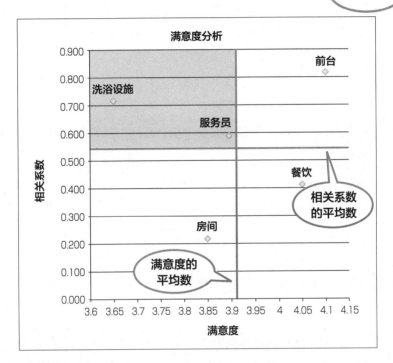

像这样绘制出满意度和相关系数的散点图，就能看出要重点投资到哪些方面了。

4.8

策略方案的制定

针对需要改善的点制定改善措施

上一节中我们绘制了散点图，这里我们称它为满意度分析图。通过这个图能很明显地看出应该改善的点。

首先必须要改善的是洗浴设施。此外，服务员的服务也应该做改善。这两个都是满意度在平均数以下，且相关系数在平均数以上的项目。

管理者有必要将这两项作为重点改善项目，制定提升满意度的措施。

此外，前台的满意度和相关系数都非常高，目前客户对前台非常满意。但不满足于现状，继续维持提高前台的服务水平也非常重要。

这次问卷调查显示，房间、餐饮和顾客满意度的相关程度相对较低。

但是在很多顾客看来，酒店、宾馆的房间和餐饮好是理所应当的，因此对这两方面的维持和改善也不能忽视。

能立刻用到工作中的相关分析

像这样从相关关系的角度来分析调查问卷，有助于确定改善点的重要程度，制定合适的经营改善措施。

而能够做到这一步的数据科学家也必然会得到公司的高度评价。

● 根据分析图制定改善措施

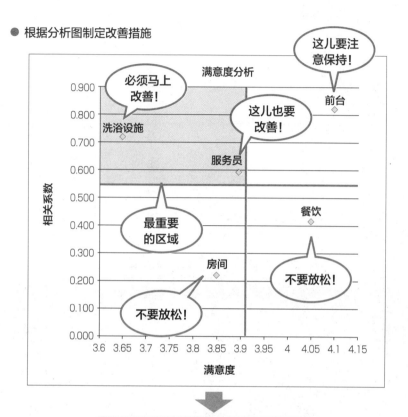

可以根据它制定各类针对性措施

根据满意度分析图能制定出多种战略。
不好好利用就是暴殄天物！

德鲁克如是说

组织的目的在于创造顾客，提升顾客满意度和创造顾客直接相关。

Do It Excel ❼

用散点图绘制满意度
分析图

使用下表中的数据做出散点图，并绘制满意度分析图。

	A	B	C	D	E	F	G
1		房间	餐饮	洗浴设施	前台	服务员	平均数
2	满意度	3.85	4.05	3.65	4.1	3.9	3.91
3	相关系数	0.218	0.414	0.717	0.821	0.593	0.553

制作散点图

选定 B2:G3，从"插入"菜单中选择"散点图""仅带数据标记的散点图"，然后生成一个原始的散点图。

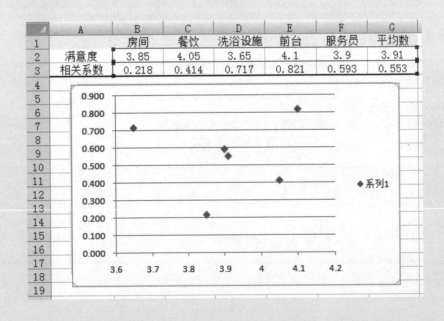

118

<table>
<tr><td>**Step**
2</td><td>**描述必须的要素**</td></tr>
</table>

調整生成的散点图，设定标题及纵横轴的标签。这些都可以在"图表工具"的"布局"菜单中进行。

同样从"布局"菜单中的"数据标签"中选择"上方"，各数据标记（点）的上方就会显示数值。

散点图没有自动给数据标记添加"房间""餐饮"这类标签的功能。

想要实现这种操作，首先要选择"数据标签"生成数字标签，点击想要更改的标签（比如 0.717），然后在公式编辑栏输入"="，选择输入了"洗浴设施"的 D1 格。最后按 Enter 键，数字标签就变成了"洗浴设施"。其他数据标签也要进行同样的操作。

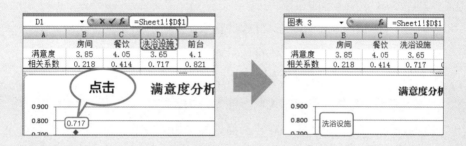

<table>
<tr><td>**Step**
3</td><td>**绘出表示平均数的直线**</td></tr>
</table>

完成上述步骤后要绘制出表示平均数的直线。使用绘图工具在满意度的平均数（3.91）处绘制垂直线，在相关系数的平均数（0.553）处绘制水平线。

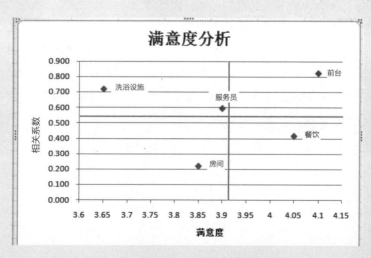

4.9

顾客与商品的细分化

设定细分化的轴

本章中我们探讨了许多相关关系的内容，现在请大家回忆 4.2 节中提到的验证相关关系的步骤。

这里面最让人头疼的是选择哪些现象来比较。解决这个问题，验证工作很快就能完成。如果选不准，只能一次次更换不同的现象来比较。因此如果掌握诀窍，作业效率就能大幅提升。

下面举个简单的例子来说明选择的秘诀。

假设我们想找出顾客与在售商品之间的相关关系。一个顾客一个顾客、一种商品一种商品地来寻找相关关系既没有意义又浪费时间。这时就需要将顾客与商品细分化。

本书中讲过的 RFM[1] 就是一种有效的顾客细分化方法。

还可以根据累积购买额来打分，比如采用 5 分制和 10 分制。此外，还可以根据性别、地域、喜好等来划分。

对商品则可以按型号、种类，或按帕累托法则[2] 对销售情况等进行细分。

将细分后的不同品类进行交叉分析[3]，从中找出明显的变化趋势。这种方法可说是发现相关关系的首选。

---

[1] 参照第 2 章的 Management Science。
[2] 参照 2.3 节。Do It Excel ⑧中也介绍了用 Excel 制作帕累托图的方法。
[3] 在纵轴和横轴设定类别，从纵横交叉区域内的数值来观察趋势的分析方法。具体请参照 4.10 节。

如何将顾客细分化

RFM

在星期几购买

性别

消费金额

地域

购买时间

喜欢哪种
促销活动

要思考从什么维度进行
细分才最有效果。

如何将商品细分化

品种

功能

销量

使用时间段

价格

组合销售

用途

商品细分的维度好像也是多到数不
清的样子。到底哪些最有效呢？

绘制帕累托图

帕累托图能够应用在组织的业务改善及战略方案制定等多个方面。请试着用 Excel 来绘制体现帕累托法则的帕累托图。

Step 1 **准备各类商品的销售额及在销售总额中的占比数据**

　　首先准备好公司去年所有商品的销售额数据，然后以录入了销售额的 B 列为基准降序排序。这样一来表格顺序就变成了销售额由高到低排列。在最后一行中算出合计，然后在 C 列中表示出各种商品的销售额占总销售额比例的累加值。

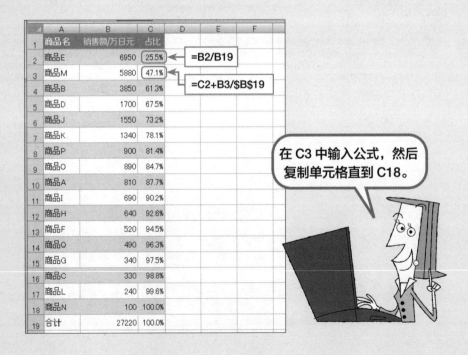

	A	B	C	D	E	F
1	商品名	销售额/万日元	占比			
2	商品E	6950	25.5%	=B2/B19		
3	商品M	5880	47.1%	=C2+B3/$B$19		
4	商品B	3850	61.3%			
5	商品D	1700	67.5%			
6	商品J	1550	73.2%			
7	商品K	1340	78.1%			
8	商品P	900	81.4%			
9	商品O	890	84.7%			
10	商品A	810	87.7%			
11	商品I	690	90.2%			
12	商品H	640	92.6%			
13	商品F	520	94.5%			
14	商品Q	490	96.3%			
15	商品G	340	97.5%			
16	商品C	330	98.8%			
17	商品L	240	99.6%			
18	商品N	100	100.0%			
19	合计	27220	100.0%			

在 C3 中输入公式，然后复制单元格直到 C18。

Step 2　将销售额和占比数据做成柱形图

接下来利用销售额和占比数据来制作柱形图。这时的柱形图中，因为表示占比的数值太小，全都紧贴着横轴。这时要从"布局"菜单的"图表区"中选择"系列'占比'"，然后点击"设置所选内容格式"，在弹出界面的"系列选项"中勾选"次坐标轴"。

Step 3　调整细节，帕累托图完成

完成上述操作后应该能得到类似下图左的图表。然后点击"系列'占比'"，在选中"占比"柱形的状态下从"设计"菜单中选择"更改图表类型"→"带数据标记的折线图"，一张完整的帕累托图（下图右）就完成了。

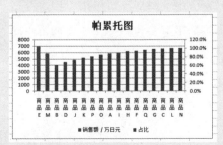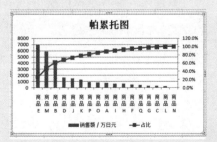

4.10

交叉分析的基本方法

通过纵横轴的交叉区域来把握趋势

4.9 节中提到了交叉分析。在纵轴和横轴中设定不同的类别,在各个类别的交叉区域输入适当的数值,从这些区域内的数值来考察特征的方法就是交叉分析。

比如将纵轴设定为细分化顾客群体,横轴设定为细分化商品类别(参照下图)。此处按购买时间将顾客分为两类(工作日采购类和周六日采购类),商品则按等级分类(普及品、中级品、高级品),在纵横交叉的区域内录入相应商品的销售趋势(也可录入数值)。

这样一来,哪部分顾客最喜欢将钱消费在哪部分商品上就一目了然了。

开动脑筋来思考轴的设定方式

此外,上一节中也提到,纵横轴可以有多样化的标准。比如设定纵轴为商品、横轴为时间,就能掌握哪些商品在什么时间段卖得最好[1]。而将纵轴变为顾客,就能根据购买时间对顾客进行细分。

像这样一种分类可以派生出另一种分类,然后又可以用它们进行新的交叉分析。也就是说,交叉分析中轴的设定方式越多,蕴含的可能性就越多。

读者可能已经知道,利用 Excel 的透视表功能可以非常便捷地进行交叉分析。接下来本书将介绍其基本的操作方法。

---

[1] 通过这种方法有时能发现一些意料之外的商品在意料之外的时间内销售得很好。

● 交叉分析的基本方式

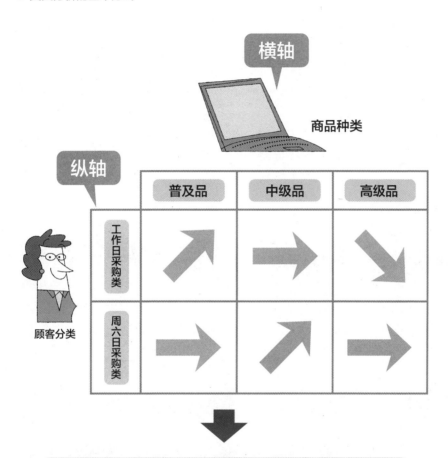

将纵轴和横轴的内容变换组合，反复进行交叉分析，
找出典型的相关关系

这就是交叉分析的基本思路。可以说是
找出深藏的相关关系的首选方法。

Do It Excel ⑨

用数据透视表进行交叉分析

德比特先生经营着一家音乐发售网站，他正根据累积销售额将用户划分等级，并用 Excel 中的数据透视表分析各等级用户喜好的音乐风格。其方法如下。

Step 1 ┃ **开始数据透视表**

A1:D25 是德比特手头上的销售数据。他将使用这些数据来制作数据透视表和数据透视图。

首先从"插入"菜单的"数据透视表▼"中选择"数据透视图"，弹出界面后要设定"表/区域"和"选择放置数据透视表及数据透视图的位置"，这次他将位置选定为现有工作表的 R1，按确定。

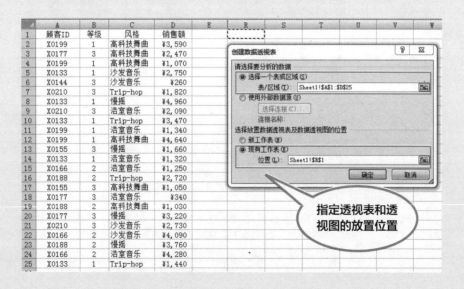

指定透视表和透视图的放置位置

	A	B	C	D
1	顾客ID	等级	风格	销售额
2	X0199	1	高科技舞曲	¥3,590
3	X0177	3	高科技舞曲	¥2,470
4	X0199	1	高科技舞曲	¥1,070
5	X0133	1	沙发音乐	¥2,750
6	X0144	3	沙发音乐	¥260
7	X0210	3	Trip-hop	¥1,820
8	X0133	1	慢摇	¥4,960
9	X0210	3	浩室音乐	¥2,090
10	X0133	1	Trip-hop	¥3,470
11	X0199	1	浩室音乐	¥1,340
12	X0199	1	高科技舞曲	¥4,640
13	X0155	3	慢摇	¥1,660
14	X0133	1	浩室音乐	¥1,320
15	X0166	2	浩室音乐	¥1,250
16	X0188	2	Trip-hop	¥2,720
17	X0155	3	高科技舞曲	¥1,050
18	X0177	3	浩室音乐	¥340
19	X0188	2	高科技舞曲	¥1,030
20	X0177	3	慢摇	¥3,220
21	X0210	3	沙发音乐	¥2,730
22	X0166	2	沙发音乐	¥4,090
23	X0188	2	慢摇	¥3,760
24	X0166	2	浩室音乐	¥4,280
25	X0133	1	Trip-hop	¥1,440

创建数据透视表

请选择要分析的数据
- ⦿ 选择一个表或区域(S)
  表/区域(T): Sheet1!$A$1:$D$25
- ○ 使用外部数据源(U)
  选择连接(C)...
  连接名称:

选择放置数据透视表及数据透视图的位置
- ○ 新工作表(N)
- ⦿ 现有工作表(L)
  位置(L): Sheet1!$R$1

确定 取消

Step 2 **制作透视表和透视图**

　　这时会分别出现一张空白的数据透视表和数据透视图，在右侧的工作窗口拖曳"等级"至"行标签"、"风格"至"列标签"、"销售额"至"数值"，数据透视表和透视图就完成了。

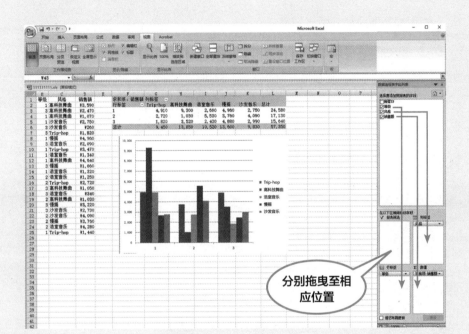

分别拖曳至相应位置

　　观察透视图可以发现，这家音乐网站的优质（等级 1）顾客比较喜欢高科技舞曲，但其他顾客不太感兴趣。

　　单纯从销售数据很难直观地把握这些趋势，这时候交叉分析的威力就展现出来了。

Column 4 找不到“数据分析”按钮！

使用加载项添加分析工具库

有的 Excel 用户可能打开“数据”菜单后也找不到“数据分析”按钮。

这是因为 Excel 在初始设定中隐藏了“数据分析”，我们可以用以下方法来添加。

首先选择“文件”菜单→“选项”→“加载项”，在弹出界面下方的“管理”中选择“Excel 加载项”，点击“转到”。这时会转到“加载宏”界面，勾选“分析工具库”，单击“确定”即可。

完成上述设定后请再次打开“数据”菜单。在菜单栏最右侧就会出现“数据分析”按钮。

● “分析工具库”的设定

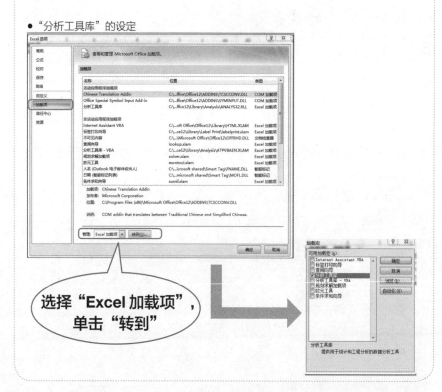

选择“Excel 加载项”，单击“转到”

5

第 5 章
用回归分析预测未来

假设已知现象 X 和现象 Y 之间存在相关关系，

那我们能否通过已发生的现象 X 来预测现象 Y 的发生呢？

事实上，这种以过去的数据为依据来预测未来的方法被称为回归分析。

本章将要解说的回归分析也是数据科学家必须理解的分析技巧。

5.1

用回归分析预测未来

用回归分析预测未来

上一章讲述了山本调查开展活动费用和游客数量的相关关系的故事。

估计很多读者都会有这种想法：知道活动开展费用是不是就能在一定程度上预测出游客数量？

答案是肯定的。如果确定现象 X 和现象 Y 之间存在相关关系，那么知道现象 X（或现象 Y）就有可能对现象 Y（或现象 X）进行预测。

像这样利用已知的数据对过去进行分析，根据分析结果预测未来的方法被称为回归分析。这是预测将来的一种最基本的方法。

在散点图中添加回归直线

做回归分析时，要在散点图中添加回归直线这个要素。回归直线是体现数据走向的直线，可以用回归方程 [1]$y=a + bx$ 来表示。在回归直线中用 $a + bx$ 来说明 y，因此 y 被称为反应变量（因变量），x 被称为解释变量（自变量）。a 被称为常数项（截距），b 为回归系数（直线的斜率）。这类包含两个变量的回归分析被称为一元回归分析。

问题是如何绘制出回归直线，如何计算回归方程呢？

这一点完全不用担心。只要有 Excel 在，一切都可以轻松解决。接下来本书将详细讲解计算方法。

---

[1] 也叫回归模型。

● 用回归直线进行回归分析

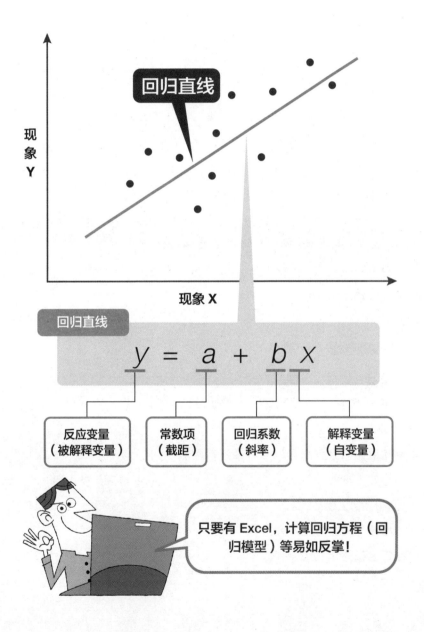

5.2

回归直线与回归方程

一键完成回归直线和回归方程

其实绘制回归直线和计算回归方程都非常简单。

请回顾上一章中绘制的活动费用和游客数量分布图（4.4 节）。选中用 Excel 绘制的这张图，在"布局"菜单的"趋势线"中选择"其他趋势线选项"，这时就会出现下图中的界面。

然后要像下图中一样点选"线性"，然后在"趋势预测"中输入数值[1]。最后勾选"显示公式""显示 R 平方值"。

设置完成后点击"关闭"，散点图中就会出现回归直线，并显示回归方程（参照下图）。

验证回归方程

接下来观察一下回归方程。

回归方程为 **$y=7.755,8x - 10,022$**，回归系数为 7.755,8，截距为 $-10,022$。

知道回归方程就可以对将来进行预测。

比如，如果预算减少，活动费用降到 3,000 万日元。将 3,000 代入 x，这时 y 的值为 13,245.4。

也就是说，通过回归方程可以预测出，活动费用为 3,000 万日元时，游客数量将降至 13,245 人。

---

[1] 这步操作是为了将回归直线前后延长，输入 1000 后，直线会向前后各延长 1000 个单位。

● 回归直线和回归方程

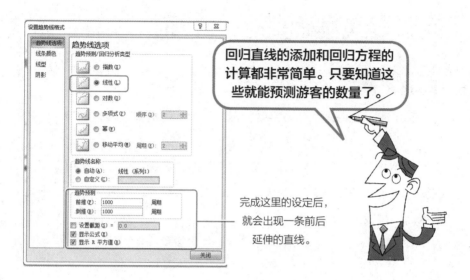

完成这里的设定后，
就会出现一条前后
延伸的直线。

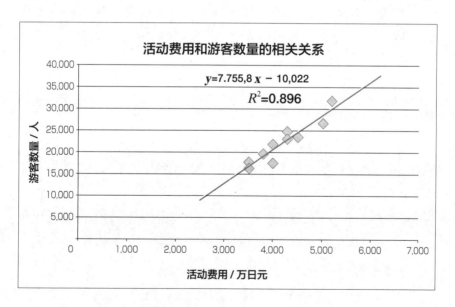

5.3

回归直线准确度——R^2 值

什么是 R^2 值?

现在请再次观察上一节绘制的图,图中除了回归方程外还显示"R^2 值(R 的平方数)"这个不多见的数值。

R^2 值也称决定系数,衡量的是回归直线在多大程度上准确呈现了数据的走向。其数值范围为 0 ~ 1,数值越接近 1,则回归直线的准确度越高;越接近 0,则准确度越低。如果 X 和 Y 完全成比例,则 R^2 值为 1。

再次以活动费用和游客数量为例,其 R^2 值为 0.896,非常接近 1。也就是说这条回归直线的准确度非常高,也可以说是回归方程 **$y=7.755,8x - 10,022$** 的准确度非常高。这意味着由这个方程式导出的答案的准确程度也会相当高。

检验准确度的高低

为了便于比较,我们准备了一组有相关关系(正相关)和一组没有相关关系(相关关系非常低)的数据,分别绘制了它们的回归直线并计算出了 R^2 值(参照下图)。

从下方的图中可以看出,即使是相关关系很低的数据,Excel 也能绘制出回归直线,但它的 R^2 值只有 0.027,3。这表明这条回归直线及回归方程的可信度非常低。

一般来说,R^2 值在 0.5[1] 以上时可信度比较高。反过来讲,如果低于 0.5 则代表可信度较低。

---

[1] 关于这一点有很多种主张。但 R^2 值为相关系数的平方。相关系数可信的一个标准为 0.7,因此其平方数 0.49,即 0.5 也被认为是 R^2 值的一个标准。

● 使用 R^2 值检验回归直线的可信度

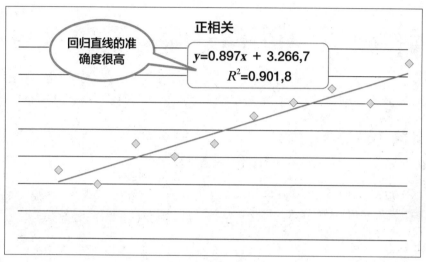

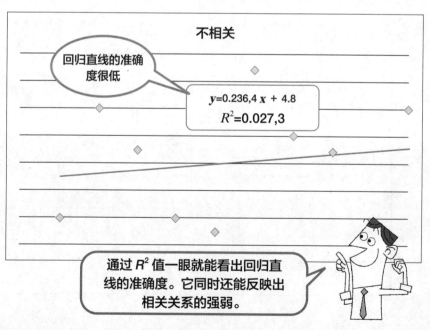

135

计算 R^2 值的思考方式

计算 R^2 值的基本思路

●●●

使用 Excel 计算出的回归直线和实际数值之间会有差异。比如之前所说的活动费用和游客数量的例子,费用为 3,500 万日元时,实际游客数量 18,000 人和 16,800 人。

而用回归方程做出的预测为 17,123 人,差值(实际 − 预测)为 − 877 和 323,我们称这个差为残差(误差)。

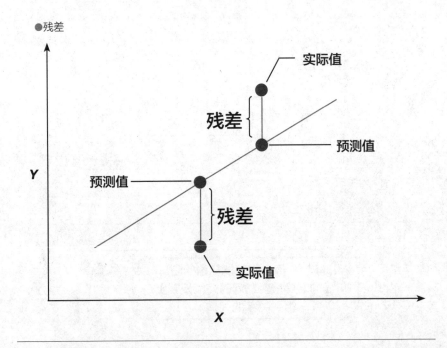

●残差

残差有一个特征，残差之和（几乎）为 0。这时可以先求残差的平方（将负值转换为正值），然后再求出总和。

平方的总和被称为**残差平方和**[1]。残差平方和最小时，回归直线才能最准确地反映出数据的走势。

● 残差平方和

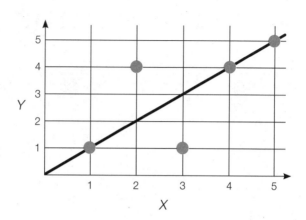

X	1	2	3	4	5
Y（实际）	1	4	1	4	5
Y（预测）	1	2	3	4	5
实际－预测	0	2	-2	0	0
（实际－预测）[2]	2	4	4	0	0

残差平方和	8

Column

回归方程相同时怎么办？

两个数据集合的离散程度虽然不同，但其回归方程却有可能相同。这时就需要确认 R^2 值。

R^2 值越大，表明集合的数据离散程度越小，反之则代表离散程度越大。

此外，从**标准误差**和 **95% 置信区间**也能推测出集合的离散程度及回归方程的可信度。标准误差是体现推定值含有多大误差的数值。95% 置信区间表示推定值有 95% 的概率在某个区间内。5.4 节及 5.5 节中将详细解释这两个概念。

---

[1] 上述思路和 Data Science ①中偏差平方和的思路是相通的。

计算回归系数和截距

制作散点图后点选"趋势线选项"→"显示公式"（5.3 节）就能在图中显示包含了回归系数和截距的回归方程。但有时我们需要在表格中计算出回归系数和截距，将这两个值用于计算。这时可以采用以下方法。

计算回归系数

计算**回归系数**要使用 **SLOPE** 函数。

语法形式为"=SLOPE（已知的 y，已知的 x）"，在本例中为"=SLOPE（B4:K4,B3:K3）"。

	A	B	C	D	E	F	G	H	I	J	K
1	●活动费用和游客数量										
2	年份	2004	2005	2006	2007	2008	2009	2010	2011	2012	2013
3	活动费用／万日元	3,500	3,500	3,800	4,000	4,000	4,300	4,300	4,500	5,000	5,200
4	游客数量／人	18,000	16,800	20,000	18,000	22,000	25,000	23,500	24,000	27,000	32,000
5											
6	回归系数	7.755,8	←	=SLOPE（B4:K4,B3:K3）							

只要事先掌握这里介绍的公式，
就能轻松预测出游客数量。

Step 2

计算常数项

　　计算常数项要使用 INTERCEPT 函数，语法形式为"=INTERCEPT（已知的 y，已知的 x）"，在本例中为"=INTERCEPT（B4:K4，B3:K3）"。

	A	B	C	D	E	F	G	H	I	J	K
1	●活动费用和游客数量										
2	年份	2004	2005	2006	2007	2008	2009	2010	2011	2012	2013
3	活动费用／万日元	3,500	3,500	3,800	4,000	4,000	4,300	4,300	4,500	5,000	5,200
4	游客数量／人	18,000	16,800	20,000	18,000	22,000	25,000	23,500	24,000	27,000	32,000
5											
6	回归系数	7.755,8									
7											
8	截距	-10,022	←	=INTERCEPT（B4:K4,B3:K3）							

Step 3

通过活动费用预测游客数量

　　下面利用任意的费用数额来预测游客数量。在 B11 中输入活动费用，设置 B12 为"=B8+B6*B11"，这就代表 $y = a + bx$。由此可以预测出，当费用为 4,800 万日元时，游客数量为 27,206 人。

	A	B	C	D	E	F	G	H	I	J	K
1	●活动费用和游客数量										
2	年份	2004	2005	2006	2007	2008	2009	2010	2011	2012	2013
3	活动费用／万日元	3,500	3,500	3,800	4,000	4,000	4,300	4,300	4,500	5,000	5,200
4	游客数量／人	18,000	16,800	20,000	18,000	22,000	25,000	23,500	24,000	27,000	32,000
5											
6	回归系数	7.755,8									
7											
8	截距	-10,022									
9											
10											
11	费用	4,800									
12	人数预测	27,206	←	=B8+B6*B11							
13											

5.4

理解回归分析及其结果的含义①

Excel 的回归分析工具

Excel 有一个非常强大的功能，那就是回归分析工具。这个工具能够将回归分析的结果用数值表示出来。

但如果不懂观察数据的方法，那这个强大的工具也就没有用武之地了。本节将会一边使用 Excel 进行回归分析，一边对其结果的含义进行解释。

下图的上半部分是将活动费用和游客数量的数据做成了纵表。接下来从"数据"菜单的"数据分析"中选择"回归"。

回归界面出现后，需要设定一系列的值（参照下图）。

然后点击确定，这时将自动输出一系列表格（参照下图）。这就是回归分析的结果，被称为回归分析表。

乍一看这些数字可能会让人无所适从，但只要知道一些重要数值的含义，所有问题就迎刃而解了。

用方框圈起的回归统计部分中，首先是 Multiple R，它指的是相关系数（参照 4.4 节）。这个系数在 0.7 以上就代表着较强的相关关系。在下图的例子中，结果已经超过 0.9，由此可以看出活动费用和游客数量之间存在极明显的相关关系。

接下来一行是 R Square，请认真观察这个数值，它其实指的是 5.3 节中解释过的 R^2 值，即决定系数[1]。此外，在多元回归分析中还会用到 Adjusted R Square。而"标准误差"表示的是推定值（本例中为游客数量）误差的大小[2]。

---

[1] R Square 的值等于 Multiple R 的平方数。换句话说，相关系数的平方就是 R^2 值。
[2] 和推定值的误差过大时，推定值的可信度会非常低。

● 回归分析的结果

	A	B	C	D	E	F	G
1	●活动费用和游客数量						
2	活动费用 / 万日元	游客数量 / 人					
3	3,500	18,000					
4	3,500	16,800					
5	3,800	20,000					
6	4,000	18,000					
7	4,000	22,000					
8	4.300	25,000					
9	4.300	23,500					
10	4,500	24,000					
11	5,000	27,000					
12	5,200	32,000					
13							

输入

Y 值输入区域 (Y)：　$B$2:$B$12

X 值输入区域 (X)：　$A$2:$A$12

☑ 标志 (L)　　□ 常数为零 (Z)

☑ 置信度 (F)　　95 　%

输出选项

◉ 输出区域 (O)：　$A$14

○ 新工作表组 (P)：

○ 新工作簿 (W)：

残差

□ 残差 (R)　　　□ 残差图 (D)

□ 标准残差 (T)　□ 线性拟合图 (I)

正态分布

□ 正态概率图 (N)

确定　取消　帮助 (H)

这堆数字就是回归分析的结果。不知道它们的含义就不算是一名合格的数据科学家。

14	概要					
15						

16	回归统计	
17	Multiple R	0.946,576,533
18	R Square	0.893,007,133
19	Adjusted R Sq	0.883,008,024
20	标准误差	1,609.656,884
21	观测值	10
22		

23 分散分析表

24		自由度	变化	分散	F 值	有意义的 F 值
25	回归分析	1	178,593,037.7	178,593,037.7	68.928,353,05	3.340,32E-05
26	残差	8	2,072,796.28	2,590,995.285		
27	总计	9	199,321,000			
28						

29		系数	标准误差	t 检验值	P 值	下限 95%
30	截距	-10,021.960,26	3,965.679,898	-2.527,173,275	0.035,410,965	-19,166.834,5
31	活动费用 / 万日元	7.755,810,037	0.934,174,939	8.302,310,103	3.340,32E-05	5.601,598,764

29	上限 95%	下限 95%	上限 95%
30	-877.086,013	-19,166.834,5	-877.086,013
31	9.910,021,31	5.601,598,764	9.910,021,31

回归分析表

5.5

理解回归分析及其结果的含义②

分析结果的其他重要含义

接下来看回归分析表下半部分（参照下图中框起来的部分）的方差分析，这里有四个地方需要注意。

第一个是有意义的 F 值，它表示的是系数为 0 的可能性。换句话说，就是代表了回归系数没有意义的可能性是多少。

在下图的表中，有意义的 F 值的数值为 3.340,32E－05。E－05代表十分之一的五次方，也就是十万分之一。3.340,32 乘这个数值得出的结果会非常小，也就意味着基本上不存在可能性。原则上，有意义的 F 值的基准值为 5% 以下。

系数相当于 $y=a+bx$ 中的 a 和 b，也就是回归方程的常数项（截距）和回归系数。

要特别关注 P 值和 95% 置信区间

接下来是 P 值，它代表回归系数为 0 时偶然得出同样的结果的可能性[1]。原则上，它也以 5% 以下为基准值。

最后要关注下限 95%、上限 95%。它们代表常数项（截距）及回归系数有 95% 的概率所在的范围，被称为 95% 置信区间。

以回归系数为例，它有 95% 的概率在 5.60~9.91 之间（小数点第三位以后省略）。

标准误差(参照5.4节)非常大时就不能过度局限于某些特定数值(比如回归系数)，应该重点关注 95% 置信区间。

---

[1] 一元回归分析中，P 值和有意义的 F 值相同。

● 提升对回归分析表的观察水平

14	概要					
15						
16		回归统计				
17	Multiple R	0.946,576,533				
18	R Square	0.893,007,133				
19	Adjusted R Sq	0.883,008,024				
20	标准误差	1,609.656,884				
21	观测值	10				
22						
23	分散分析表					
24		自由度	变化	分散	F 值	有意义的 F 值
25	回归分析	1	178,593,037.7	178,593,037.7	68.928,353,05	3.340,32E-05
26	残差	8	2,072,796.28	2,590,995.285		
27	总计	9	199,321,000			
28						
29		系数	标准误差	t 检验值	P 值	下限 95%
30	截距	-10,021.960,26	3,965.679,898	-2.527,173,275	0.035,410,965	-19,166.834,5
31	活动费用 / 万日元	7.755,810,037	0.934,174,939	8.302,310,103	3.340,32E-05	5.601,598,764

29	上限 95%	下限 95%	上限 95%
30	-877.086,013	-19,166.834,5	-877.086,013
31	9.910,021,31	5.601,598,764	9.910,021,31

关注这里!

关注这里!

关注这里!

关注这里!

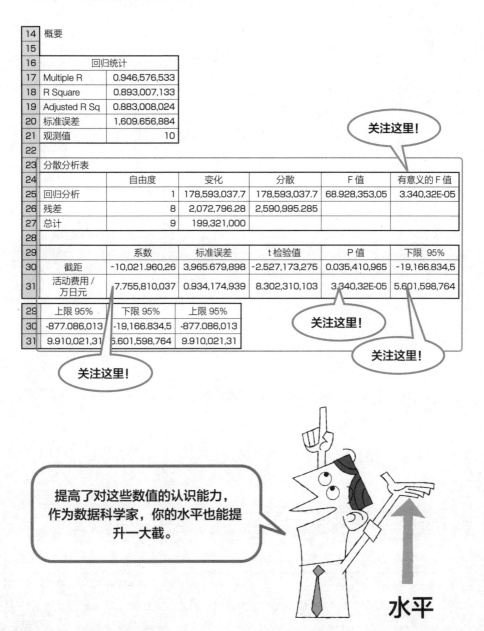

提高了对这些数值的认识能力，作为数据科学家，你的水平也能提升一大截。

水平

用回归分析表导出回归方程

以下是根据广告费和销售个数的数据制作的回归分析表，接下来请导出回归方程并验证方程式的可信度。此外，还请明确截距和回归系数有 95% 的概率在哪个数值范围内。

●广告费和销售个数

广告费	销售个数
1,000	12,000
800	11,500
800	11,000
1,000	11,500
1,000	12,500
1,200	15,000
1,200	14,000
1,300	15,000
1,350	16,000
1,400	15,500

是否理解回归分析表中的数字的含义是关键所在。

回归分析表

概要

回归统计	
Multipie R	0.954,371,301
R Square	0.910,824,58
Adjusted R Sq	0.899,677,653
标准误差	600.966,263,6
观测值	10

分散分析表

	自由度	变化	分散	F 值	有意义的 F 值
回归分析	1	29,510,716 .4	29,510,716 .4	81.710,819,67	1.794,53E−05
残差	8	2,889,283.6	361,160.45		
总计	9	32,400,000			

	系数	标准误差	t 检验值	P 值	下限 95%	上限 95%	下限 95%	上限 95%
截距	4,162.226,169	1,039.465,111	4.004,199,973	0.003,926,693	1,765.215,325	6,559.237,014	1,765.215,325	6,559.237,014
广告费	8.359,976,317	0.924,837,143	9.039,403,723	1.794,53E−05	6.227,298,04	10.492,654,59	6.227,298,04	10.492,654,59

Step 1　导出回归方程

首先导出回归方程，这时需要观察方差分析表中的截距及广告费的系数。将常数项（截距）四舍五入为 4,162，回归系数四舍五入为 8.36，可得回归方程为下式。

$$y=4,162 + 8.36\,x$$

Step 2　验证回归方程的可信度

这时需要观察 R Square，本表中为 0.91 这个相当高的数值。这里的 0.91 代表 91%。R Square 的基准值为 0.5，因此可以认定这个方程的可信度非常高。

Step 3　截距和回归系数有 **95%** 的概率所在的范围

这时要确认下限 95% 和上限 95%。这两个数值代表常数项（截距）及回归系数有 95% 的概率可能在的范围。

- 常数项（截距）……1,765 ～ 6,559
- 回归系数……………… 6.23 ～ 10.49

通过这样反复熟悉回归分析表，这些原本莫名其妙的数字也会慢慢变得不那么讨厌了。

> 若能够通过回归分析表建立回归模型，提取出 R^2 值和 **95%** 置信区间，作为一个数据科学家，大家都会对你的水平高看一眼。

5.6

多元回归分析

影响反应变量的多个解释变量

通过 1 个要素（解释变量）来说明 1 个要素（反应变量）是一元回归分析。

但绝大多数时候都会有很多个解释变量对 1 个反应变量产生影响。因此，包含 2 个以上解释变量的回归分析被称为多元回归分析。

由多元回归分析得出如下方程。

$$y = z + ax_1 + bx_2 + cx_3 + \cdots$$

其中 y 为反应变量，x 为解释变量，z 为常数项（截距）。在多元回归分析中，a、b、c 被称为偏回归系数。

比如在某居酒屋，设定啤酒的消费量为（y）。这个（y）和温度及温度湿度指数的相关比较高，也就是说，温度和湿度指数为解释变量。掌握这些数值就能得出如下多元回归方程。

啤酒的消费量 $=z$ ＋温度 a ＋温度湿度指数 b

得出这个方程，输入温度和温度湿度指数就能预测出啤酒的消费量了。

多元回归分析其实一点都不难

从上文的说明可以看出，多元回归分析的思路和一元回归分析完全一致。

因此多元回归的名字虽然听起来难，但我们完全没必要被它吓倒。

● 多元回归分析的思路

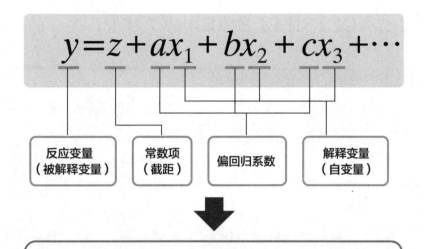

$$y = z + ax_1 + bx_2 + cx_3 + \cdots$$

| 反应变量
（被解释变量） | 常数项
（截距） | 偏回归系数 | 解释变量
（自变量） |

顾客满意度 = 常数项 + 房间 x_1 +
餐饮 x_2 + 服务 x_3 + $\cdots$

数据科学家必须会推导这种模型哦（当然，还必须是正确的模型）！

话虽如此，但也并不是解释变量越多越好。最好的模型必须贴合实际又简单易懂。

5.7

用 Excel 进行多元回归分析

多元回归分析的步骤也是一样的

西田在某零食生产厂家的销售计划部工作，他想要分析以往的报纸广告、店内促销活动和销售产品个数之间的相关关系。

西田认为，报纸广告和店内促销活动都对销售产品个数的增长有巨大帮助，但之前公司从未具体分析过这两项措施分别对销售产品个数做出了多大贡献。

为此，西田准备了以往的数据（参照下图），希望利用这些数据导出报纸广告和店内促销活动的偏回归系数。

大家看明白了吗？

西田做的正是多元回归分析。那么，多元回归分析的具体步骤是什么呢？

使用 Excel 进行多元回归分析

只要电脑里有 Excel，多元回归分析也非常简单。

事实上，只要采取和 5.4 节中制作回归分析表相同的步骤就能轻松计算出报纸广告和店内促销活动的解释变量。

计算得出的结果见下图的下半部分。

观察回归分析表数值的方法也已经在前文中做过介绍。

下面我们就运用分析表进行多元回归分析。

● 报纸广告和店内促销

＊单位：个

实施次数	报纸广告	店内促销	销售产品个数
第1次	1,000	500	120,000
第2次	500	1,000	120,000
第3次	500	1,500	130,000
第4次	800	800	118,000
第5次	1,200	400	140,000
第6次	700	1,000	111,000
第7次	1,500	500	155,000
第8次	1,300	700	160,000
第9次	1,400	600	160,000
第10次	1,300	500	130,000

● 多元回归分析的结果

过去的数据

概要

回归统计	
Multiple R	0.891,891,792
R Square	0.795,470,968
Adjusted R Sq	0.737,034,102
标准误差	9,419.068,445
观测值	10

Excel 的
分析结果

分散分析表

	自由度	变化	分散	F 值	有意义的 F 值
回归分析	2	2,415,368,047	1,207,684,024	13.612,485,04	0.003,869,389
残差	7	621,031,952.7	88,718,850.38		
总计	9	3,036,400,000			

	系数	标准误差	t 检验值	P 值	下限 95%
截距	31,951.952,66	26,075.764,02	1.225,350,584	0.260,068,269	-29,707.431,31
报纸广告	69.325,443,79	14.670,892,3	4.725,373,371	0.002,144,077	34.634,296,07
店内促销	42.314,792,9	16.240,126,8	2.605,570,352	0.035,139,105	3.912,995,216

	上限 95%	下限 95.0%	上限 95.0%
截距	93,611.336,63	-29,707.431,31	93,611.336,63
报纸广告	104.016,591,5	34.634,296,07	104.016,591,5
店内促销	80.716,590,58	3.912,995,216	80.716,590,58

5.8

多元回归方程

多元回归方程及其验证

接下来用得出的结果导出多元回归方程。

按照 Do It Excel⑪ 中导出回归方程的步骤，利用方差分析表中截距、报纸广告、店内促销的系数得出方程为 $y = 31,952 + 69x_1 + 42x_2$。

其中 31,952 为常数项（截距），69 为报纸广告的偏回归系数，42 为店内促销的偏回归系数 [1]。

得出方程后，将报纸广告费和店内促销费用代入 x_1 和 x_2 即可预测将来的销售个数。

例如，假设报纸广告费为 1,000 万日元，店内促销费用为 1,000 万日元，就可以预测出销售个数为 142,952 个。

可信度要通过 Adjusted R Square

那么这个多元回归模型的可信度有多大呢？

一元回归分析中需要利用 R Square 确认方程的可信度，但变量个数变多时，R Square 值可能会变得非常大。Adjusted R Square 是对它进行修正后的数值。

因此做多元回归分析时需要确认的是 Adjusted R Square。

本例中 Adjusted R Square 的值为 0.737，高于 0.5 的基准值，属于比较可信的范畴。

---

[1] 以上数值都通过四舍五入精确到了个位数。

● 回归分析表的确认要点

概要

回归统计	
Multiple R	0.891,891,792
R Square	0.795,470,968
Adjusted R Sq	0.737,034,102
标准误差	9,419.068,445
观测值	10

关注这里！

关注这里！
（下一页）

分散分析表

	自由度	变化	分散	F 值	有意义的 F 值
回归分析	2	2,415,368,047	1,207,684,024	13.612,485,04	0.003,869,389
残差	7	621,031,952.7	88,718,850.38		
总计	9	3,036,400,000			

	系数	标准误差	t 检验值	P 值	下限 95%
截距	31,951.952,66	26,075.764,02	1.225,350,584	0.260,068,269	-29,707.431,31
报纸广告	69.325,443,79	14.670,892,3	4.725,373,371	0.002,144,077	34.634,296,07
店内促销	42.314,792,9	16.240,126,8	2.605,570,352	0.035,139,105	3.912,995,216

	上限 95%	下限 95%	上限 95%
截距	93,611.336,63	-29,707.431,31	93,611.336,63
报纸广告	104.016,591,5	34.634,296,07	104.016,591,5
店内促销	80.716,590,58	3.912,995,216	80.716,590,58

关注这里！
（下一页）

关注这里！

$$y = 31,952 + 69x_1 + 42x_2$$

如果能用回归分析表进行以上分析，说明作为一名数据科学家，你已经进步了很多。

 Advice

德鲁克如是说

现代管理人必须灵活运用这些数字，使它们能在营销或创新中发挥更大的作用。

5.9

报纸广告和店内促销，谁的贡献度更高？

多元回归模型的可信度

继续上一节的内容。

来看回归分析表中的有意义的 F 值（参照 5.8 节），它代表所有系数为 0 的可能性。

有意义的 F 值的基准值为 5% 以下，表中的值为 0.38%，非常安全。也就是说，为 0 的可能性非常低。

接下来是 P 值，它代表单个系数为 0 的概率，原则上其基准值也为 5% 以下。报纸广告为 0.2%、店内促销为 3.5%，每一个都低于 5%。

观察上述几个值可以得出结论，此次计算出的多元回归模型可信度较高。

确认解释变量的重要程度

从分析表中还能判断出另一个重要的要素，那就是解释变量的重要程度。请再次确认报纸广告和店内促销的系数，前者为 69（严格来讲是 69.33），后者为 42（42.31）。

假设向二者分别追加 100 万日元的资金，这时报纸广告能多带来 6,933 个销量，而店内促销仅能多带来 4,231 个。意思是报纸广告对销量的贡献度是店内促销的约 1.6 倍。

像这样进行多元回归分析后，各个解释变量对反应变量的贡献度，即重点投资对象，就一目了然了。

● 贡献度和重点投资对象

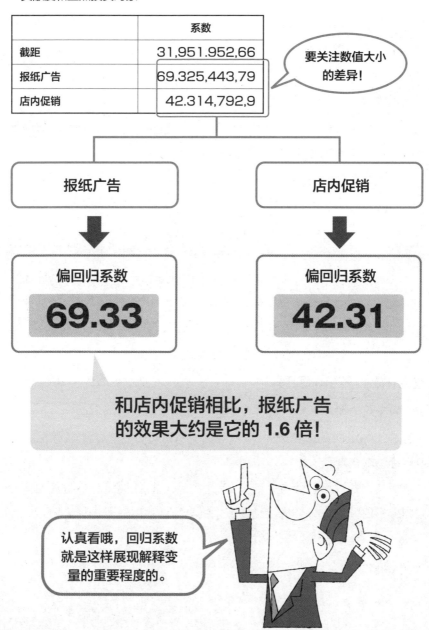

	系数
截距	31,951.952,66
报纸广告	69.325,443,79
店内促销	42.314,792,9

要关注数值大小的差异!

报纸广告

店内促销

偏回归系数

69.33

偏回归系数

42.31

和店内促销相比,报纸广告的效果大约是它的 1.6 倍!

认真看哦,回归系数就是这样展现解释变量的重要程度的。

5.10

定性转定量，分析更简单①

定性数据分析

上一章的回归分析中，活动费用、游客数量、报纸广告费及店内促销费用、销售个数等反应变量和解释变量都是数量值。

这类数量值在统计学中被称为定量数据。

但商务活动中用到的数据并不仅有定量数据，有时还需要使用有无或男女、阴晴雨、春夏秋冬等非数值的数据进行分析。

相对于定量数据，一般这类数据被称为定性数据。

当然，出于统计需求，我们希望能够对两类数据进行同样的处理。

基于这种需求，数量化 I 类[1]分析应运而生。名字看起来很高深，但我们没有必要被它吓倒。

数量化 I 类分析的原理

数量化 I 类分析是用定性数据进行多元回归分析的方法之一。例如将有、无等定性数据转换为 1、0 等数值后进行分析。这类转换后的数值被称为虚拟变量。

而当定性数据被转换为虚拟变量后，就可以按照上一节讲述的多元回归分析的方法进行分析了。接下来将会结合具体例子进行说明。

---

[1] 又名数量化理论 I 类。

● 定性数据

问题 项目 回答者	Q1		Q2				……
	有	无	春	夏	秋	冬	
1	○			○			
2		○		○			
3		○				○	
4		○			○		
5	○		○				
⋮							

定性数据

● 定量数据

转换成定量数据

问题 项目 回答者	Q1		Q2				……
	有	无	春	夏	秋	冬	
1	1	0	0	1	0	0	
2	0	1	0	1	0	0	
3	0	1	0	0	0	1	
4	0	1	0	0	1	0	
5	1	0	1	0	0	0	
⋮							

5.11

定性转定量，分析更简单②

最适合的组合是什么？

远山是架设某网站的总负责人。为了增加网站的点击率，他准备组合几种促销方式来做活动。现在他思考的是这些组合当中是否存在一定的法则。

远山考虑的活动方式有折扣、赠品、双倍积分三种。

下图的上半部分是各种方式的组合方式。表中的○代表采用了这种方式。数量化 I 类分析就将从这些定性数据转换为定量数据开始。

转换的方法非常简单，将○设定为 1，没有○的地方设定为 0 就可以了。操作完成后，表格变为下图中间部分的形态。

此外，折扣、赠品、双倍积分都可以只用有或无来表现。

因此即使将下图中部的表格转换成下方的表格也不会对其意义产生影响。

比如，假设有折扣的值为 0，则"没有折扣"自然就是 1。因此如果有了有折扣这一项，完全可以将"没有折扣"项删除。

可以转换为定量数据

像这样，进行数量化 I 类分析时，在用数值表示各个项目的值的同时还会制作表格，将对立的项目种类统一成一种。

然后在此基础上进行多元回归分析。关于这一点将在后文进行介绍。

● 定性数据

开展	有折扣	无折扣	有赠品	无赠品	有积分	无积分	销售额
A	○		○		○		¥2,700,000
B	○		○			○	¥2,450,000
C	○			○	○		¥2,500,000
D	○			○		○	¥2,200,000
E		○	○		○		¥1,980,000
F		○	○			○	¥1,750,000
G		○		○	○		¥1,900,000
H		○		○		○	¥1,600,000

定性数据

转换成定量数值

● 转换为定量数据

开展	有折扣	无折扣	有赠品	无赠品	有积分	无积分	销售额
A	1	0	1	0	1	0	¥2,700,000
B	1	0	1	0	0	1	¥2,450,000
C	1	0	0	1	1	0	¥2,500,000
D	1	0	0	1	0	1	¥2,200,000
E	0	1	1	0	1	0	¥1,980,000
F	0	1	1	0	0	1	¥1,750,000
G	0	1	0	1	1	0	¥1,900,000
H	0	1	0	1	0	1	¥1,600,000

● 进一步转换

开展	有折扣	有赠品	有积分	销售额
A	1	1	1	¥2,700,000
B	1	1	0	¥2,450,000
C	1	0	1	¥2,500,000
D	1	0	0	¥2,200,000
E	0	1	1	¥1,980,000
F	0	1	0	¥1,750,000
G	0	0	1	¥1,900,000
H	0	0	0	¥1,600,000

数量化Ⅰ类分析就是用上面这种表格进行回归分析的。

再进一步简化

将有、无转为数值

使用 Excel 时，手动输入定量数据来替换定性数据会非常浪费时间，使用函数却很轻松。

活用 IF 函数

对于有、无这类比较简单的定性数据，可以使用 IF 函数快速转换为数值。

	B7	▼	fx	=IF(B2="有",1,0)		
	A	B	C	D	E	F	G
1	网站方案	设计A	设计B	文稿A	文稿B	符号A	符号B
2	A方案	有	无	有	无	有	无
3	B方案	有	无	有	无	无	有
4	C方案	有	无	无	有	有	无
5							
6	网站方案	设计A	设计B	文稿A	文稿B	符号A	符号B
7	A方案	1	0	1	0	1	0
8	B方案	1	0	1	0	0	1
9	C方案	1	0	0	1	1	0
10							
11							
12	=IF（B2="有",1,0)						
13							
14							

像上图中，需要在 B7 中输入 =IF（B2="有",1,0），意思是如果 B2 是"有"则转换为 1，如果相反则返回为 0。然后复制到其他单元格就能完成整个表格从定性数据到定量数据的转换。

<table>
<tr><td rowspan="2">Step
2</td><td colspan="2">**活用 VLOOKUP 函数**</td></tr>
<tr><td colspan="2">当转换比较复杂时，比如需要将春、夏、秋、冬等转换成 1、2、3、4 等时，使用 VLOOKUP 函数比 IF 函数更简便。虽然在数量化 I 类分析中基本只使用 0 和 1，很少用到 VLOOKUP 函数，但多掌握一项技能绝对没有坏处。</td></tr>
</table>

	B25	▼		f_x	=VLOOKUP(B17,$D$17:$F$20,2,FALSE)		
	A	B	C	D	E	F	G
16	No	季节		季节	值		
17	1	夏		春	1		
18	2	秋		夏	2	对应表	
19	3	春		秋	3		
20	4	冬		冬	4		
21	5	冬					
22	6	春					
23							
24	No	季节					
25	1	2	← =VLOOKUP（B17,$D$17:$E$20,2,FALSE）				
26	2	3					
27	3	1					
28	4	4					
29	5	4					
30	6	1					
31							

A16:B22 为转换前的表格，A24:B30 为转换后的表格，在 B25 中输入 VLOOKUP 函数。

函数的语法形式为"=VLOOKUP（查找值，查找范围，返回值的列数，模糊匹配 / 精确匹配）"，因此要在 B25 中输入 =VLOOKUP(B17,$D$17:$F$20,2,FALSE)。

查找值部分要输入包含转换前的值的单元格编号。关键是接下来的参数范围，这里将范围设定为将定性数据变换为定量数据的对应表。在本例中，这个表格的范围为 D17:E20 并设定为绝对引用[1]。因此在建立公式之前有必要先行制作出对应表。

VLOOKUP 函数会查找指定了查找值的对应表的左端列，将含有符合数值的列中对应的数值返回。

在本例中，返回值的列数为 2，即将第二列中的数值返回。最后的 FALSE 即精确匹配，只有查找值完全一致时才会返回数值。

---

[1] 将单元格设定为绝对引用，标记中带 $，如 $A$1。

5.12

回归分析表

再度确认回归分析表

接下来用 5.11 节中制作的表格进行多元回归分析。

步骤和本书前文介绍的多元回归分析步骤完全相同。首先从"数据"菜单中选择"数据分析"。

然后选择"回归",单击确定。

回归界面弹出后,"Y 值输入区域"设定为解释变量"销售额"。

此处需要选定 E21:E29,系统会默认此范围为绝对参照。

"X 值输入区域"设定为"有折扣"至"有积分"三列。

选定 B21:D29 后,系统会默认此范围为绝对参照。

然后勾选"标志",设定"置信度[1]"为 95%,最后设定"输出区域"。

现在,单击"确认"键。

熟悉的回归分析表出现了!

得出的结果就是下图中的回归分析表。

怎么样?是不是对这个表已经非常熟悉了。

如果您稍微有点这种感觉了,说明您作为数据科学家的本领正在不断提升。

接下来要做的就是对回归分析表进行分析,制定合适的战略。

---

[1] 拒绝某个假设的基准值。一般设定为 5%。参照 5.3 节。

● 输出回归分析表

	A	B	C	D	E
21	开展	有折扣	有赠品	有积分	销售额
22	A	1	1	1	¥2,700,000
23	B	1	1	0	¥2,450,000
24	C	1	0	1	¥2,500,000
25	D	1	0	0	¥2,200,000
26	E	0	1	1	¥1,980,000
27	F	0	1	0	¥1,750,000
28	G	0	0	1	¥1,900,000
29	H	0	0	0	¥1,600,000

5.11 节中制作的表格

● 回归分析表

概要

回归统计	
Multiple R	0.996,276,726
R Square	0.992,567,315
Adjusted R Sq	0.986,992,801
标准误差	44,581.386,25
观测值	8

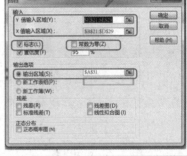

输入必要的信息

分散分析表

	自由度	变化	分散	F 值	有意义的 F 值
回归分析	3	1.061,65E + 12	3.538,83E + 11	178.054,507,3	0.000,103,327
残差	4	7,950,000,000	1,987,500,000		
总计	7	1.069,6E + 12			

	系数	标准误差	t 检验值	P 值	下限 95%
截距	1,587,500	31,523.800,53	50.358,775,69	9.304,86E-07	1,499,975.898
有折扣	655,000	31,523.800,53	20.777,951,55	3.170,03E-05	567,475.898,3
有赠品	170,000	31,523.800,53	5.392,750,783	0.005,719,765	82,475.898,31
有积分	270,000	31,523.800,53	8.564,957,126	0.001,020,419	182,475.898,3

	上限 95%	下限 95%	上限 95%
截距	1,675,024.102	1,499,975.898	1,675,024.102
有折扣	742,524.101,7	567,475.898,3	742,524.101,7
有赠品	257,524.101,7	82,475.898,31	257,524.101,7
有积分	357,524.101,7	182,475.898,3	357,524.101,7

熟悉了它们，水平就提升了一大步。

5.13

用回归分析表进行有效促销

对数据进行分析

下图上方的数据是从回归分析表中提取的关键数值。

第一个应该确认的是 R^2 值。这次使用的例子中有多个解释变量，因此应该确认 Adjusted R Square。0.987 已经是一个非常高的值，表示这个方程的可信度非常高。

表格中的有意义的 F 值也大大低于 5%，没有任何问题。此外 P 值、各个系数也都大大低于 5%。

由此我们可以看出，各项数据的可信度都非常高。接下来终于到了检查各个系数的阶段。此次分析的结果如下。

- 常数项（截距）　1587500
- 有折扣　　　　　655000
- 有赠品　　　　　170000
- 有 2 倍积分　　　270000

也就是说，由这些数值可以导出以下公式。

$$y = 1{,}587{,}500 + \begin{cases} 655{,}000\,(\text{有}) \\ 0\,(\text{无}) \end{cases} + \begin{cases} 170{,}000\,(\text{有}) \\ 0\,(\text{无}) \end{cases} + \begin{cases} 270{,}000\,(\text{有}) \\ 0\,(\text{无}) \end{cases}$$

偏回归系数体现是各个变量的重要程度，和其他方法相比，显然折扣的效果更好。

也就是说，在这项工作中，想要有效开展营销活动，折扣是最关键的一个要素。

162

● 回归分析表的确认

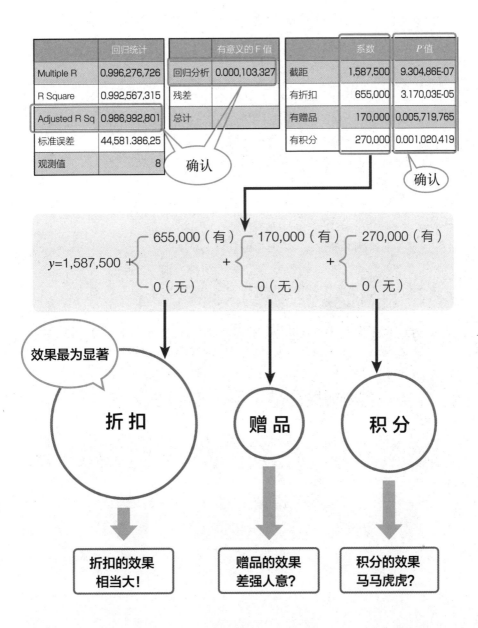

	回归统计
Multiple R	0.996,276,726
R Square	0.992,567,315
Adjusted R Sq	0.986,992,801
标准误差	44,581.386,25
观测值	8

	有意义的 F 值
回归分析	0.000,103,327
残差	
总计	

	系数	P 值
截距	1,587,500	9.304,86E-07
有折扣	655,000	3.170,03E-05
有赠品	170,000	0.005,719,765
有积分	270,000	0.001,020,419

确认

确认

$$y=1{,}587{,}500 + \begin{cases} 655{,}000\,(有) \\ 0\,(无) \end{cases} + \begin{cases} 170{,}000\,(有) \\ 0\,(无) \end{cases} + \begin{cases} 270{,}000\,(有) \\ 0\,(无) \end{cases}$$

效果最为显著

折扣

赠品

积分

折扣的效果
相当大!

赠品的效果
差强人意?

积分的效果
马马虎虎?

Column 5　看似简单实际很难的概率问题

挑战蒙提霍尔问题

现在有三个盒子，其中一个盒子里放着 1 万日元。盒子的主人告诉你，如果你能猜中哪个盒子里放着钱，里面的 1 万日元就归你。当然，盒子的主人知道哪个盒子里有钱。

现在请从三个盒子里选一个。然后盒子的主人打开了另外两个盒子当中的一个，里面没有钱。现在变成了二选一。

这时你获得了重新再挑选一次的权利。你认为变更选择更划算，还是坚持自己原来的选择更划算？请从概率的角度思考这个问题。

这个问题看似简单，其实相当困难。

盒子剩下两个，选中有钱的盒子的概率为 1/2。因此不管我的选择变没变，概率都没有差异，很多人可能会这么想。

但其实这时变更选择更划算。

第一次选择盒子时，盒子里有钱的概率为 1/3，因此当盒子主人排除掉一个没有钱的盒子后，如果不改选，那么选中的概率仍然为 1/3。而另外一个盒子里有钱的概率则变成了 1/2。因此这时变更你的选择才是更划算的。

这就是**蒙提霍尔问题**，一个著名的概率问题。怎么样，您的答案正确吗？

第 6 章

用检验做出战略决策

通过任意选择的样本对东京和大阪的平均收入进行调查，

结果是东京比较高。

但两地之间真的存在差距吗？

从统计学的角度对这一点进行调查就是检验。

本章中将要说明的检验也是数据科学家必须熟练掌握的方法。

6.1

假设是否成立?

这个推测正确吗?

西田在某家电厂家的市场营销部工作，他正在做吸尘器在量贩店内的销售分析。

对比量贩店 A 和 B，过去一年内，量贩店 A 的月平均销售量为 32.1 台，B 为 35.6 台。

通过这个信息，西田得出了结论：量贩店 B 的吸尘器销售数量更大。

那么这个推论是否正确呢?

请问各位读者，您是赞成西田的意见，还是反对呢?

要从统计学角度确认它是否正确就必须进行检验。

理解什么是检验

检验就是建立某个假设，根据这个假设，判断出假设对象发生的可能性非常低后放弃该假设的一系列过程。比如，在总体中反复抽出多个样本，分别调查其平均数。可能每一次抽出样本的平均数都不相同，但它们有一定的概率在某个特定范围内。

事实上，统计学中就有推导出这个范围的方法。如果基于某个假设的现象没有进入这个特定范围内，就可以放弃这个假设（统计学中称为拒绝）[1]。

通过以上步骤来辨别假设是否正确，这就是检验的基本思路。

---

[1] 换个表述方式就是，设定拒绝域，如果基于假设的现象在这个范围内，则放弃该假设。

● 检验的基本思路

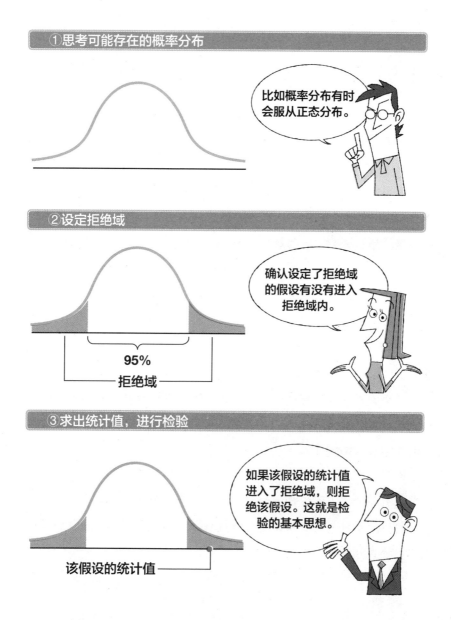

① 思考可能存在的概率分布

比如概率分布有时会服从正态分布。

② 设定拒绝域

95%

拒绝域

确认设定了拒绝域的假设有没有进入拒绝域内。

③ 求出统计值，进行检验

该假设的统计值

如果该假设的统计值进入了拒绝域，则拒绝该假设。这就是检验的基本思想。

6.2

样本均值与总体均值

从样本推出总体

上一节介绍检验时提到了总体和样本两个概念。下面将对它们进行详细介绍。

总体指的是数据整体，样本（Sample）是从总体中抽取的部分数据。总体的数量越庞大，收集所有数据进行调查需要的时间就越长，费用也越高。因此就需要从中选取样本，通过样本具备的特征推断出总体的特征。这就是所谓的抽样调查[1]。

上一节中曾说过，反复从总体中提取样本，测定其各自的均值。

那接下来让我们思考从 1 亿个数据当中抽取 1,000 个数据做样本，计算其均值的情形。

什么是中心极限定理？

如果无数次地反复进行上述操作，则计算抽取样本的均值后，将各个均值再次平均（样本均值的均值[2]），则最终会等同于总体的均值。这就是中心极限定理[3]。

而且根据中心极限定理习知，各个样本均值呈正态分布，其方差等于总体方差的平方除以样本个数（此次的样本个数为 1,000）。

将这个特征利用到检验中，就能从概率角度判断某个假设是很容易发生，还是相反。

---

[1] 参照 1.7 节。
[2] 也称样本期望。
[3] 具体请参照下一节"Data Science ③"。

● 总体均值与样本均值的关系

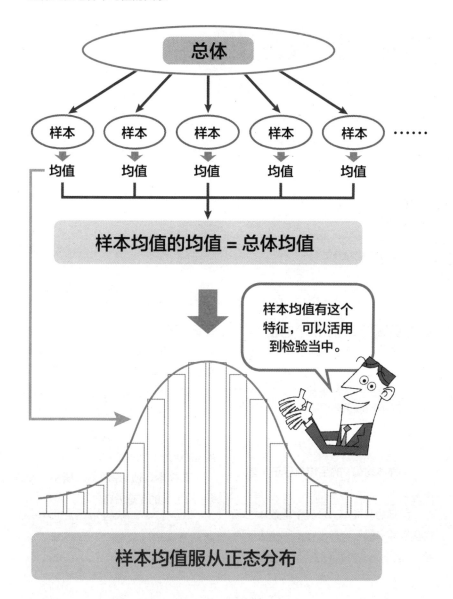

中心极限定理

统计学为了区分**总体**的统计量和**样本**的统计量，使用了不同的符号。

总体		样本（Sample）	
总体容量	N	样本容量	n
总体均值	m	样本均值	$\bar{x}$
总体方差	$V=\sigma^2$	样本方差	$U=u^2$
总体标准差	σ	样本标准差	μ
总体比率	P	样本比率	$\bar{P}$

中心极限定理的 3 个方面

从总体中抽取包含足量数据的样本 n 个，样本均值 $\bar{x}$ 有以下特征。它们被称为中心极限定理。

①样本均值 $\bar{x}$ 的平均数等于总体均值 m。

反复抽取样本，求其平均数。抽取次数足够多时，计算出样本均值的平均数[1]。这个样本均值 $\bar{x}$ 的平均数（**期望**）将等于总体均值 m。

②样本均值 $\bar{x}$ 的标准差等于总体标准差 σ 除以根号 n

样本均值的标准差等于总体标准差 σ 乘以样本容量 n 的平方根的倒数。即在不知道总体的标准差时，可以转而利用样本均值的标准差。

③样本均值 $\bar{x}$ 是总体均值 m、标准差 $\sigma/\sqrt{n}$ 的正态分布

从总体得到的样本均值 $\bar{x}$ 的平均数和总体均值 m 相等，且符合标准差 $\sigma/\sqrt{n}$ 的正态分布。

---

[1] 样本均值的均值等于样本均值期望。参照 6.2 节。

● 中心极限定理的应用

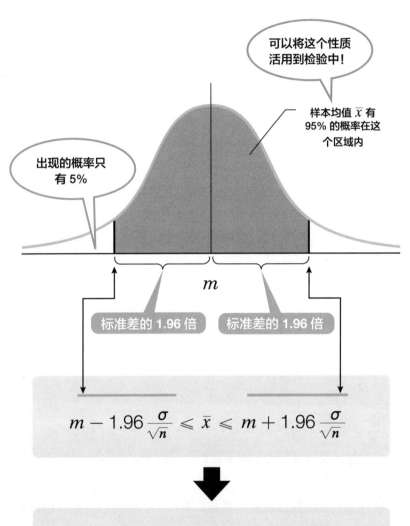

6.3

通过掷骰子理解检验

这个骰子是不是有问题？

举一个我们身边的例子，大家就明白检验的步骤了。

这里有一个骰子，掷了 10 次，有 9 次出现的都是偶数。当然，出现这种情况的可能性也不是没有，但微乎其微。因此这不能不让人怀疑骰子有问题（正常的骰子，偶数、奇数出现的概率应该是各为 50%）。

接下来我们就按照以下顺序来确认骰子是不是正常。

首先建立一个关于这个骰子的假设：偶数、奇数出现的概率各为 50%。

然后掷 10 次骰子，结果出现了 9 次都是偶数。

现在来计算出现 9 次偶数的概率，利用二项分布[1]就能计算出来。下图即是二项分布表及分布图。

可能性非常低的时候怎么办？

大家发现了没有？通过数值及图形可以看出，出现 9 次偶数的概率非常小，只有 0.009,8，即 0.98%（约 1%）。

换言之，上述假设成立的概率只有约 1%，即使拒绝这个假设，危险性（放弃了正确假设的风险）也只有 1%。因此，可以拒绝此假设，得出结论：掷这个骰子，偶数、奇数出现的概率并不是各 50%"。这就是检验的步骤。

---

[1] 试验结果仅有两种，且每次都受偶然支配，反复进行试验时的概率分布。参照 Do It Excel⑬。

● 将检验可视化

偶数出现的概率

次数	1	2	3	4	5	6	7	8	9	10
概率	0.009,766	0.043,945	0.117,188	0.205,078	0.246,094	0.205,078	0.117,188	0.043,945	0.009,766	0.000,977

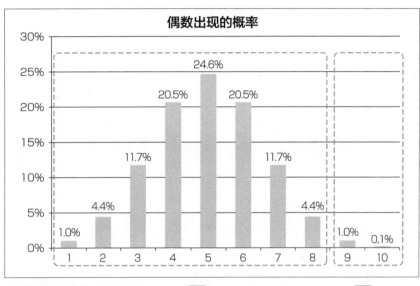

偶数出现的概率

出现概率约为 99%

出现的概率只有 1%

10 次当中出现 9 次偶数的概率在 1% 范围内。发生的可能性非常小。因此，即使拒绝这个假设风险也非常小。

制作二项分布图

Excel 中有一个 BINOMDIST 函数。使用这个函数可以很方便地求出二项分布的值。

Step 1

建立公式

首先在单元格 B1、B2 中输入尝试次数和成功率。这次我们投了 10 次骰子，因此尝试次数为 10。另外，普通骰子出现偶数和奇数的概率各为 50%，因此输入成功率为 0.5。

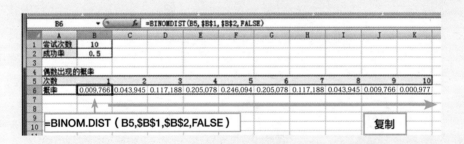

接下来制作反映出现偶数的次数以及概率的表格，在第 5 行中输入掷骰子的次数，1～10 次。

然后输入 BINOMDIST 函数。BINOMDIST 函数的语法形式为"=BINOMDIST(成功数，尝试次数，成功率，函数形式)"。在 B6 单元格中输入 =BINOMDIST(B5,$B$1,$B$2,FALSE)，将成功数设定为第 5 行，尝试次数设定为 B1 中的尝试次数，成功率设定为 B2 中的成功率，设为绝对参照。函数形式为 FALSE。

完成上述设定后按 Enter 键，然后复制单元格直至 K6，一个二项分布表就完成了。

Step 2

绘制二项分布图

接下来将完成的二项分布表绘制成图形，得出的是和 6.3 节相同的图。

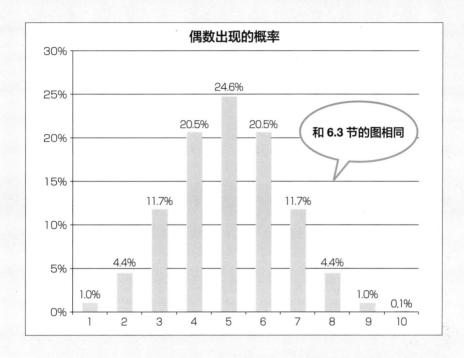

6.4

检验的基本步骤

虚无假设和对立假设

现在请一边回忆 6.3 节中的检验，一边梳理检验的一般步骤。请大家牢牢记住这些步骤。

①设定虚无假设

根据总体的特征提出一个假设，通常这个假设是我们想要放弃的，被称为虚无假设。

②设定对立假设

设定与虚无假设相对立的假设，这个假设叫作对立假设，通常它是想要采纳的假设。

③明确概率分布

接下来要定义用于检验的概率分布[1]。6.3 节中使用了二项分布，但要进行的检验不同，用到的概率分布也不同。后文将用几个具体案例来说明什么情况下使用哪些概率分布。

④确定放弃假设的标准

确定 1% 或 5% 等放弃虚无假设的显著性水平[2]。显著性水平一般设定为 5%，要求更严格的时候会定为 1%。

⑤确认统计量是否在拒绝域内

最后确认样本的统计量是否在拒绝域内。如果在拒绝域内则放弃虚无假设；如果不在，则不放弃。

---

[1] 由各个数据和概率组合而成的随机变量。
[2] 放弃虚无假设的基准。

● 检验的步骤

1 设定虚无假设
掷出骰子后，
出现偶数、奇数点数的概率
都是 50%。

> 通常是想要放弃的假设

2 设定对立假设
掷出骰子后，
出现偶数、奇数点数的概率
不是 50%。

3 明确概率分布
根据假设内容
使用正态分布、二项分布
或 F 分布。

4 确定显著性水平
确定在什么水平线上
放弃虚无假设。
一般定为 5%。

> 低于 5%，因此放弃虚无假设

5 确认统计量
掷骰子 10 次，出现了 9 次偶数。
按照虚无假设，这种情况发生的概率为 1%。
因此放弃虚无假设。

> 按照这个步骤来进行检验，
> 同样也可以作为逻辑思考的
> 一个模板来用。

6.5

该店午餐价格比当地午餐均价便宜？

进行右单边检验

下面将检验活用到具体的商务案例中。芝山先生想在某地开一家餐厅，他想调查一下当地午餐的均价。

据掌握的信息表明，在这片地区有 5,000 多家餐饮店能和芝山先生的餐厅构成竞争关系。要调查这么多家店很不现实，因此他决定抽取 100 家店进行调查。

最后得出的调查结果是均价 652 日元，于是芝山先生将自己餐厅的午餐价格定在了 620 日元。那么这 620 日元真的比当地的平均价格更低吗？

这个例子中的样本容量为 100，一般来说样本容量超过 100 后，概率分布会服从正态分布。而样本容量在 100 以下时，需要用到 t 检验（参照 6.6 节）。

按照 6.4 节中讲述的检验的基本步骤，接下来首先设定虚无假设。这时想要放弃的假设可以设定为当地的午餐价格等于 620 日元。

对应的对立假设可以有 3 个：①不等于 620 日元；②高于 620 日元；③低于 620 日元。如果设定①为对立假设，需要确认检验值是否在正态分布两侧的拒绝域内 [1]。在这个例子中最好是确认②，因此只要明确是否在右侧的拒绝域内即可 [2]。这里将显著性水平设定为 5%。

在 Excel 中很轻松就可以完成上述计算。后文中将详细说明使用 Excel 的计算方法（Do It Excel⑭）。

---

[1] 这被称为双边检验。具体请参照 Data Science ④。
[2] 这种情况被称为单边检验，也可以更具体地称为右单边检验。具体请参照 Data Science ④。

● 样本调查

5,000 家竞争店铺

抽取 100 家店铺进行调查
午餐的平均价格为 652 日元

我们店的午餐价格定到了 620 日元，
是否真的比当地的均价便宜呢？

● 检验的思路

当地的午餐价格等于 620 日元

VS

对立假设

当地的午餐价格高于 620 日元

接下来就要使用 Excel
实际进行检验了！

双边检验和单边检验

利用概率分布进行检验的方法可以分为双边检验和单边检验。

单边检验中又有左单边检验和右单边检验[1]。

理解它们之间的差异非常重要。

双边检验

考察概率分布时，将两侧设定为拒绝域的检验。像样本均值[2]这类概率分布服从正态分布的情况，进行双边检验，若将显著性水平设定为 5%，拒绝域如下图。

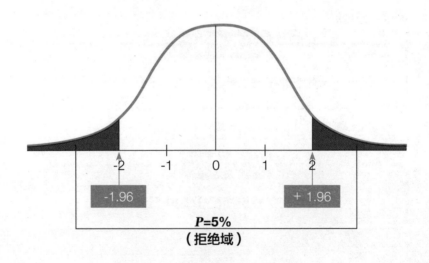

P=5%
（拒绝域）

[1] 也称左单尾检验和右单尾检验。
[2] 从总体抽取的样本均值。多次反复抽取的样本均值呈正态分布。参照 6.2 节。

180

单边检验（左单边检验）

●●●

考察概率分布时，将左侧设定为拒

绝域的检验。概率分布服从正态分布、在左单边检验中将显著性水平设定为 5%，拒绝域如下图。

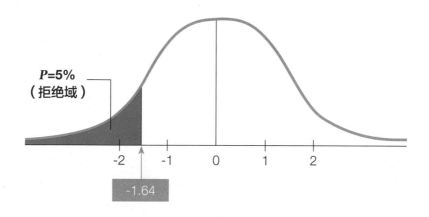

$P=5\%$
（拒绝域）

-2　-1　0　1　2

-1.64

单边检验（右单边检验）

●●●

考察概率分布时，将右侧设定为拒

绝域的检验。概率分布服从正态分布、在右单边检验中将显著性水平设定为 5%，拒绝域如下图。

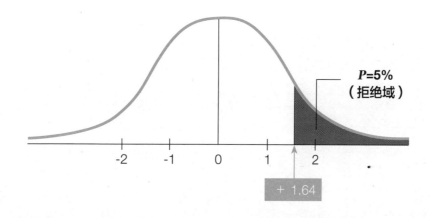

$P=5\%$
（拒绝域）

-2　-1　0　1　2

+ 1.64

调查平均数之间是否存在差异①

芝山先生店里的午餐定价是否真的比当地饮食店的平均价格便宜呢？可以用以下方法进行验证。

Step 1　**计算出平均数和标准差**

首先计算出获得的午餐价格样本的平均数和标准差。计算样本的**标准差**要利用 **STDEV.S 函数**（计算对象为总体时要用 **STDEV.P 函数**[1]）。

▲	A	B	C	D	E	F	G	H	I	J	K	L	M
1													
2	午餐的价格												
3	630	580	690	600	680	650	590	590	680	690			
4	590	650	680	590	620	590	710	610	620	650			
5	690	710	680	650	710	590	650	630	660	650			
6	670	660	590	620	620	640	720	580	630	670			
7	630	590	590	660	670	610	720	650	670	630			
8	580	710	650	650	630	580	610	650	630	680			
9	660	600	680	640	580	680	590	680	700	720			
10	680	690	700	660	630	710	670	710	710	710			
11	630	620	630	690	700	680	650	700	670	690			
12	590	640	690	700	710	640	710	710	630	580			

获取的午餐价格信息

---

[1] 公式的符号遵循本章 Data Science ③。

● 统计量

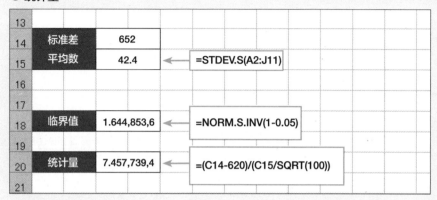

13			
14	标准差	652	
15	平均数	42.4	← =STDEV.S(A2:J11)
16			
17			
18	临界值	1.644,853,6	← =NORM.S.INV(1-0.05)
19			
20	统计量	7.457,739,4	← =(C14-620)/(C15/SQRT(100))
21			

Step 2　求临界值

这个例子服从**标准正态分布**，因此需要求 5% **显著性水平**上的右单边检验临界值。使用 **NORM.S.INV** 函数可以算出，它的作用是返回标准正态分布累积函数的 *x* 坐标。

这个函数的语法形式为"NORM.S.INV（概率）"。如果是"=NORM.S.INV(1-0.05)"，则右单边临界值为 1.64，这和 Data Science ④ 中呈现的数值一致。

Step 3　求统计量

接下来依据样本的平均数及标准差，利用以下公式求出午餐价格等于 620 日元时的**统计量**。

$$\text{统计量 } Z = \frac{\bar{x} - m_0}{\dfrac{u}{\sqrt{n}}}$$

如果样本容量足够大，统计量会服从标准正态分布。

将这个公式输入 D20 单元格，得出值为 7.46。这个值已经超出了标准正态分布 5% 显著性水平上的右单边临界值 1.64。因此必须放弃虚无假设：该地区的午餐价格等于 620 日元；采纳对立假设：高于 620 日元。

6.6

样本容量小？——*t* 检验

样本容量较小时怎么办

现在回到 6.1 节中西田的案例中。西田利用下图中的数据计算出了量贩店 A、B 各自的吸尘器月平均销量。

量贩店 A 为 32.1 台，量贩店 B 为 35.6 台，显然 B 店的平均数要高一些。那么这个平均数的差值是否有统计学意义？或是仅属于误差范围呢？

在这个例子中，首先假设两个店的月平均销售量没有显著差异。也就是将虚无假设定为两个店的月均销售台数没有差异。

相应地，对应假设就是两个店的月均销售台数有差异。

在此基础上计算出统计值，然后确认这个值是否在拒绝域内[1]。

活用 *t* 检验

但这个例子中的样本容量，量贩店 A 和量贩店 B 都分别只有 12 个。像这样样本容量低于 100 时就需要用到 *t* 检验。

t 检验的概率分布[2]和正态分布的钟形存在微妙的差异。此外，统计值 *t* 值的计算、*t* 值是否在拒绝域内的计算都非常复杂。但只要有 Excel，就可以省掉烦琐的步骤进行检验。下一节中将会具体介绍检验方法（Do It Excel⑮）。

---

[1] 这种情况并非检验大小，而是检验差异是否显著，因此使用双边检验。具体请参照 Dafa Scieuce ④。
[2] 被称为 *t* 分布。

● 量贩店 A、B 的吸尘器销售台数

单位：台

量贩店	1月	2月	3月	4月	5月	6月	7月	8月	9月	10月	11月	12月	平均数
量贩店 A	33	28	42	30	25	28	33	29	35	30	28	44	32.1
量贩店 B	38	30	44	33	28	34	36	31	39	36	33	45	35.6

虚无假设

两个店的月均销售台数没有差异

对比

对立假设

两个店的月均销售台数有差异

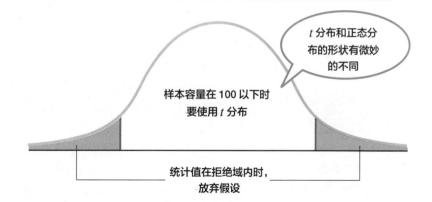

t 分布和正态分布的形状有微妙的不同

样本容量在 100 以下时要使用 t 分布

统计值在拒绝域内时，放弃假设

调查平均数之间是否存在差异②

量贩店 A 和量贩店 B 的销售数量平均数是否真的存在差异？下面将使用 Excel 的分析工具 t 检验进行确认。

Step
1

检验样本离散程度的差异

首先使用 F.TEST 函数确认量贩店 A 和量贩店 B 销售台数的离散程度之间是否存在具有统计学意义的差异。这个函数返回的是两个数组无明显差异时的双尾概率。在本例中它的值为 0.75（75%），如果是单尾则变为这个值的 1/2。现在它已经超过 5% 的显著性水平，因此可以判定两个样本的离散程度没有明显差异[1]。

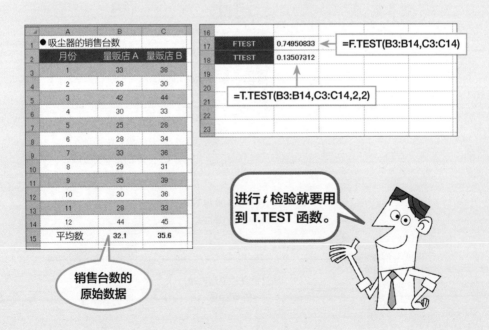

▲	A	B	C
1	●吸尘器的销售台数		
2	月份	量贩店 A	量贩店 B
3	1	33	38
4	2	28	30
5	3	42	44
6	4	30	33
7	5	25	28
8	6	28	34
9	7	33	36
10	8	29	31
11	9	35	39
12	10	30	36
13	11	28	33
14	12	44	45
15	平均数	32.1	35.6

16			
17	FTEST	0.74950833
18	TTEST	0.13507312

=F.TEST(B3:B14,C3:C14)

=T.TEST(B3:B14,C3:C14,2,2)

销售台数的原始数据

进行 t 检验就要用到 T.TEST 函数。

---

[1] 换言之，这个值不在 5% 以下的拒绝域内，因此不放弃离散程度没有显著差异这个假设。

Step
2

检验两个母数据集的平均数是否相等

接下来检验量贩店 A 和量贩店 B 的销售台数平均数是否有差异，这时要用到 **T.TEST 函数**。利用这个函数能够从概率上确认样本是否抽取自平均数相等的母数据集[1]。例子中的值为 0.135（13.5%），已经略微超过了 5% 的显著性水平，因此可以判定两个母数据集之间没有显著差异。由此可以看出，从这两个样本的平均数就推出结论：B 店的销售数量较多，还稍显武断。

Step
3

使用分析工具中的 *t* 检验

使用"数据分析"中的 *t* 检验：双样本等方差假设"也可以进行计算。

"数据分析"中的检验方式有 3 种，之所以选择双样本等方差假设是因为在 Step1 中已经利用 F.TEST 函数确认了两个样本之间没有显著的离散程度差异。*t* 检验的结果如下图。"P（*T* < = *t*）双尾"的值和利用 T.TEST 函数得到的值一致。

t 检验：双样本等方差假设		
	量贩店 A	量贩店 B
平均	32.083,333,33	35.583,333,33
方差	33.537,878,79	27.537,878,79
观测值	12	12
合并方差	30.537,878,79	
假设平均差	0	
df	22	
t Stat	−1.551,401,6	
P（*T* < = *t*）单尾	0.067,536,558	
t 单尾临界	1.717,144,374	
P（*T* < = *t*）双尾	0.135,073,115	
t 双尾临界	2.073,873,068	

和 T.TEST 的结果一致。

[1] 第 4 个参数"检验的种类"设定为了 2。它代表等方差的 2 个样本的 *t* 检验，做这种设定是因为 Step1 中已经利用 F.TEST 函数确认了两个样本的离散程度没有明显差异。

6.7

多个比较对象？——F 检验

比较对象有两个以上时怎么办？

上一节中对两个集合的平均数是否存在显著差异进行了检验。

如果比较对象在两个以上时应该怎么办呢？

各个比较对象都是数据的集合，通过这些数据可以计算出它们的平均数和离差（单项数与平均数之间的差）。

这时，如果集合之间（统计学中称为组间）平均数的离差远远大于集合内（组内）的离差，则可以认定各集合间的平均数具备统计学意义上的差异。

单用文字描述非常困难，请参照下图（见下页）。

从图中可以清晰地看出组间和组内的离差，且组间离差远大于组内离差。这时组间平均数的差异非常明显。

相反，组间离差和组内离差相比差距不是很大时，图形就会变成下图中下半部分的形式。

这方面的检验方式被称为方差分析。

以问卷调查为例进行检验

假设有三家旅馆进行了问卷调查。采用 5 分制进行餐饮方面调查的结果，三家的得分分别为 4.3、3.7 和 3.4。我们可以利用方差分析的 F 分布来检验此次调查问卷中对餐饮的评价是否存在统计学意义上的差距。

● 方差分析的基本思路

有差异的情况

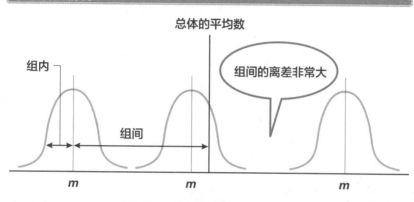

几乎没有差异的情况

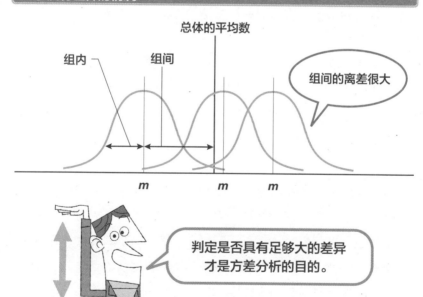

6.8

是否有显著差异？——方差分析①

"数据分析"再度登场

下图最顶部的表格是 10 位客人在接受问卷调查时对千林旅馆、蓬莱旅馆、稻叶旅馆餐饮的打分及各个旅馆得到的平均分。

如果仅看这个结果，千林旅馆获得的评价好像最高。

事实是否真的如此呢？这需要我们进行检验。

现在请回忆一下检验的基本步骤。

我们想证明的是平均数之间存在统计学意义上的差异，因此将虚无假设设定为对 3 家旅馆的餐饮的平均评价没有差异，对立假设为存在差异。

接下来使用 Excel 进行方差分析。点击"数据"菜单项的"数据分析"，选择"方差分析：无重复双因素分析"。选择这种形式是因为问卷调查的参与人员互不重复。

在弹出界面（参照下图中央）的"输入区域"中选择整个表格"A1:L4"。

然后勾选"标志"，选定"输出区域"，点击确定。

下图底部就是得出的结果。看上去和回归分析的结果很相似，但数值的构成并不相同。

结果中需要关注的是 F 值、P 值、F 临界值。

下一节中将具体讲述这些数值的含义。

● 数据分析－"方差分析"实际演练

○ 原始数据

	A	B	C	D	E	F	G	H	I	J	K	L
1	旅馆名称	No.1	No.2	No.3	No.4	No.5	No.6	No.7	No.8	No.9	No.10	平均
2	千林旅馆	4	4	5	4	5	4	4	5	3	5	4.3
3	蓬莱旅馆	4	4	3	3	4	3	4	4	4	4	3.7
4	稻叶旅馆	3	3	4	4	2	4	4	3	4	3	3.4

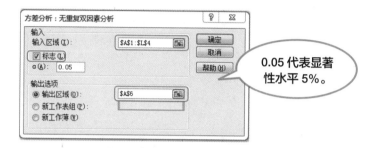

0.05 代表显著
性水平 5%。

方差分析：无重复双因素分析

SUMMARY	观测数	求和	平均	方差
千林旅馆	10	43	4.3	0.455,555,556
蓬莱旅馆	10	37	3.7	0.233,333,333
稻叶旅馆	10	34	3.4	0.488,888,889
No.1	3	11	3.667	0.333,333,333
No.2	3	11	3.667	0.333,333,333
No.3	3	12	4	1
No.4	3	11	3.667	0.333,333,333
No.5	3	11	3.667	2.333,333,333
No.6	3	11	3.667	0.333,333,333
No.7	3	12	4	0
No.8	3	12	4	1
No.9	3	11	3.667	0.333,333,333
No.10	3	12	4	1

轻按确定键，结
果立刻出现。

方差分析

差异源	SS	df	MS	F	P-value	F crit
行	42	2	2.1	3.857,142,857	0.040,353,607	3.554,557,146
列	0.8	9	0.089	0.163,265,306	0.995,643,037	2.456,281,149
误差	9.8	18	0.544			
总计	14.8	19			需要关注	

6.9

是否有显著差异？——方差分析②

要注意 P 值

下图下方再次将 6.8 节中的方差分析表列了出来。首先要确认的是 P 值。检验的基本步骤是设定虚无假设和对立假设，确定显著性水平（一般为 5%）。如果最后得出的 P 值低于显著性水平则放弃虚无假设。

这个表格中的 P 值为 0.040，即 4.0%，低于显著性水平。

因此必须放弃虚无假设，即放弃虚无假设"对 3 家旅馆餐饮的平均评价没有差异"，采纳对立假设"平均评价存在差异"。

需要注意的是，虚无假设的含义是将三个旅馆任意组合，平均评价都没有差异。只要有一个组合存在差异，结论就会变为对立假设。

是否在拒绝域内？

此外还要确认 F 值（行），这个表格中的 F 值为 3.86。F 临界值为 3.55，这个值的含义可以参考标准正态分布当中的临界值 1.64[1]。F 值 3.86 已经超过了 3.55。

也就是说，已经进入了拒绝域。

从这里也可以看出，虚无假设应当被放弃。

---

[1] 右单边检验时的临界值，具体请参照 Do It Excel⑭。

● 利用方差分析进行检验

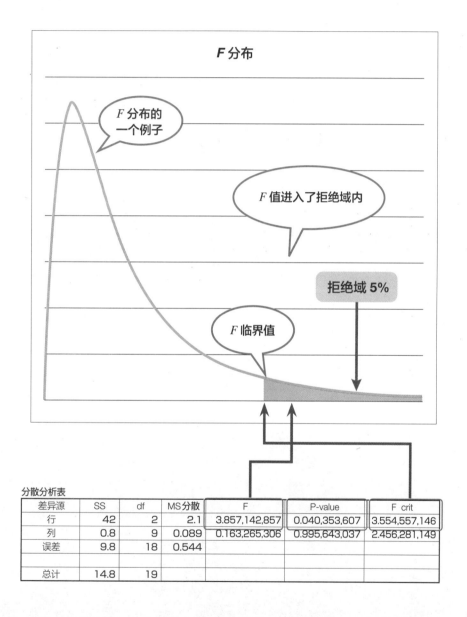

分散分析表

差异源	SS	df	MS分散	F	P-value	F crit
行	42	2	2.1	3.857,142,857	0.040,353,607	3.554,557,146
列	0.8	9	0.089	0.163,265,306	0.995,643,037	2.456,281,149
误差	9.8	18	0.544			
总计	14.8	19				

Column 6 均值回归

新手交好运和第二年走霉运

有句话叫作新手交好运，意思是人在最开始的时候运气往往特别好。

而另外还有句话叫作第二年的霉运，指的是第一年非常出众的新人，到了第二年却只能取得普通的成绩。

如果新手交的好运是超出了自己平均水平的表现，那他就要做好第二年开始低迷的准备。

假设丢硬币时连续出现了五次正面，新手的好运和它的性质差不多。但随着丢硬币的次数不断增加，正面和背面出现的次数会逐渐走向均衡，慢慢靠近1/2 的平均概率。这种现象就是均值回归。

新手的好运也是一样。例如，棒球的安打率，一个球手出场的次数越多，打击率就会越接近其平均水平。假设第一年安打率超出了平均数，如果不是选手的实力有了提升，那将来这个值还是会慢慢收敛回平均数。

这类均值回归的现象，就是我们所说的第二年的霉运。

第 7 章

用 R 语言结构化数据

终于来到了本书的最后一章。

截至目前，为了深入理解统计学，

我们一直在用 Excel 做演示。

但想做真正的数据科学家，

就应当知道 R，如今它已经成为了统计分析的实际标准。

本章将就 R 的基本使用方法进行解释说明。

7.1

数据分析的实际标准——R

统计分析方向的编程语言 R

在浏览数据分析的网页或图书时，偶尔会出现 R 这个字眼。实际上，它是一款数据分析方向的编程软件，正逐渐成为事实上的标准，也就是所谓的实际标准[1]。

R 之所以能获得如此广泛的支持，很大程度上得益于它是一款开源的自由软件[2]。此外它的强大功能足以应对专业的工作，这也是其魅力所在。

在这些优势的基础上，强大的网络效应也是 R 的一大特点。网络效应指的是使用人群越大，便利性也随之越高。R 也是如此，随着使用者人数的增加，程序包[3]会越来越丰富。

免费下载

此外，软件适用于 Linux、Windows 操作系统及 Mac OS 系统等，软件可以从汇集了 R 及各类程序包的 CRAN 免费下载。

请按照安装程序的提示进行操作，很快就可以使用 R 了。

下图的下半部分是 Windows 系统及 Mac OS 系统中 R 的初始界面。它被称为控制台（Console）。R 的操作就是通过在控制台中输入命令来实现。下一节开始，本书将介绍具体的操作方法。

---

[1] 也被称为 R 语言。
[2] 由新西兰奥克兰大学的 Ross Ihaka 和 Robert Gentleman（后任职哈佛大学）率领团队于 1990 年代开发。
[3] 应用功能。由 R 的使用者免费公开，数量已超过 5,000 个。

● CRAN 和 R 的初始界面

○ CRAN 的网页

○ R 初始界面（Mac 版）　　　　　　　○ R 初始界面（Windows 版）

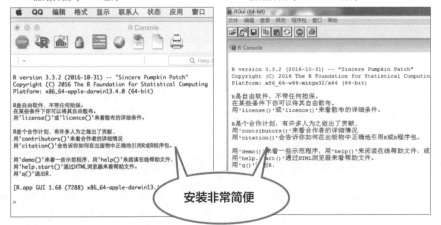

7.2

R 的基本操作

读取数据

使用 R 时，很多时候并非人工输入数据，而是采用读取外部数据的方式。比如导入 CSV 文件时可以使用 read.csv 函数。下图就是在控制台输入命令，读取 CSV 文件的画面。

最开始的"sales<-read.csv"意思是将 CSV 文件代入对象"sales"，"<-"就是代入的意思。要读取的文件的名称及所在位置在后面的括号内规定。

"C:/R/sales01.csv"指的是 C 盘内 R 文件夹中名为"sales01.csv"的文件。"header=TRUE"代表文件的第一行为列标签，"row.names=1"代表文件的第一列为行标签。

读取对象文件

完成上述输入后按 Enter 键。

出现了新的命令提示符（＞），其他没有任何变化。不过无须担心，没有任何变化代表操作是成功的。

接下来输入成功代入了文件的对象的名称"sales"，按 Enter 键，读取的数据就显示出来了。

接着使用 summary 函数，写入"summary(sales)"后，平均值、中位数等描述性统计量[1]也都出现了。

---

[1] 描述数据集合具有的特征数值。

● 将 CSV 文件导入 R 中

sales<-read.csv（ "C:/R/sales01.csv",header=TRUE,row.names=1 ）
※ 将文件"sales01、csv"代入到对象"sales"。

表示 sales01.csv 的内容

summary（sales）
※ 表示 sales01.csv 的描述性统计量

sales01.csv 的描述性统计量

R 的操作通过控制台进行。玩转 R，记住 read.csv 和 summary 等函数很有必要哦！

读取 R 的数据集

R 里内置了名为**数据集**的文件，通过这些文件，无须从外部读取数据就可以使用 R 进行统计分析。

确认数据集

　　首先要确认 R 里有哪些数据集。在控制台中输入 help(package='datasets') 后，浏览器将会打开，按照英文字母表的顺序显示数据集一览表。点击各个数据集的标题，就可以浏览文件的概要。

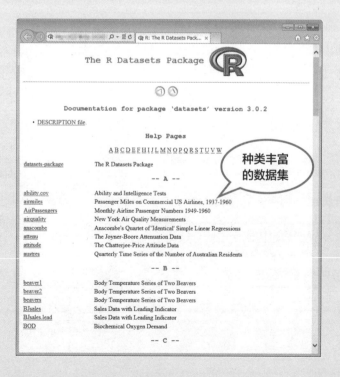

Step 2　　**读取数据集**

　　R 的数据集中有许多非常有趣的内容。比如 Titanic，它将 1912 年泰坦尼克号沉船事故中的死者及生还者按照性别、船舱级别进行了分类。

　　现在来读取 Tatanic 数据集。操作非常简单，只需在控制台中输入 Titanic，然后按 Enter 键，数据就会显示出来。读取的数据能够用于数据处理，这一点显然无须多言。

7.3

箱线图

轻松做出用 Excel 很难绘制的箱线图

Excel 的图表功能极其发达，不过 R 的功能也很丰富。现在我们用 R 的图表功能来绘制 Excel 中做起来非常麻烦的箱线图[1]。

箱线图是数据科学家经常要用到的图表之一。我们可以将它视作把要分析的数据集合的中位数及最大值、最小值，数据的离散程度全部可视化了的图表。

现在从数据集[2]中读取 sleep。这组数据体现的是 10 名实验对象服用两种药物后，对睡眠产生的影响。

数据共 3 列（含标题列为 4 列），第 1 列为影响程度，第 2 列为药物的差异，第 3 列为实验对象。

使用 boxplot 函数

输入 boxplot(sleep[,1]~sleep[,2],col="mistyrose")。

boxplot 函数是绘制箱线图专用的函数。sleep[,1]~sleep[,2] 是要求将第 1 列的值和第 2 列的药物种类对应显示的指令。col="mistyrose" 用来设定颜色。得出的箱线图如下。

下一节将详细介绍箱线图的含义。因为数据科学家要经常使用这个工具，因此我们需要充分理解各个部分的内涵。

---

[1] 英文名称 box plot，用 R 绘制箱线图时也要用到 boxplot 函数。
[2] 参照 Do It R ①。

● 绘制箱线图

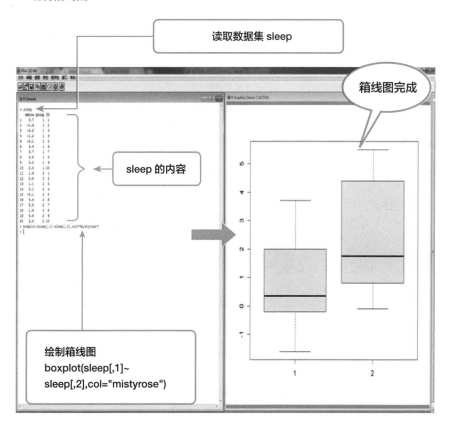

读取数据集 sleep

sleep 的内容

箱线图完成

绘制箱线图
boxplot(sleep[,1]~
sleep[,2],col="mistyrose")

即使是 Excel 中绘制起来非常麻烦的箱线图，用 R 也能轻松完成。箱线图可是数据科学家的看家本领呢！

理解箱线图的内涵

第一次看箱线图的人可能很难直观地理解它要表达的内容，但我们需要透彻理解它各个部分的含义。

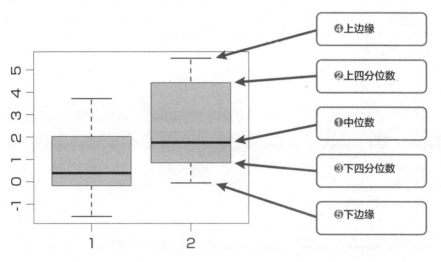

上图是 7.3 节中的箱线图的各部分名称。下面是各个部分代表的意义。

---

❶中位数

首先从最容易理解的部分开始说明。中位数就是将数据按从小到大的顺序排列，位于最中央的数值[1]。当数据个数为偶数时，最中间两个数值的平均数为中位数。

---

[1] 这个概念已经在 3.4 节中和众数一起做过介绍。

❷上四分位数

又名第 3 四分位数,将数据从小到大排列,处于数据集 3/4 的位置的数值。

❸下四分位数

又名第 1 四分位数,将数据从小到大排列,处于数据集 1/4 的位置的数值。

现在用上四分位数(第 3 四分位数)减去下四分位数(第 1 四分位数),得到的差被称为内距或四分位差,等于箱子的高度。这个高度体现了数据的离散程度。

也就是说,图中的组 1 和组 2 当中,后者的中位数更大,而且数据离散程度也更大。

❹上边缘、❺下边缘

代表了数据的最大值和最小值,但是数据不同的话也会有例外。一般来说,箱线会是四分位差(箱子的高度)的 1.5 倍,上下边缘指的是这个范围内的最大值和最小值。超出这个范围的表示为异常值[1]。下图中,最上方的异常值才是数据的最大值。

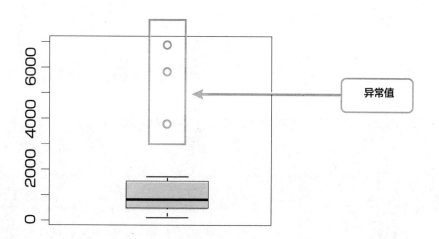

异常值

导入程序包

R 可以通过加载**程序包**来实现各种非内置的程序及扩展功能。程序包可以在 **CRAN** 中检索并下载。此外，R 本身也可以直接下载程序包。接下来我们将试着下载著名的图表制作程序包 **ggplot2**。

选择程序包

从菜单的"程序包"中选择"加载程序包"，从这里选择 CRAN 的网站镜像。在日本有兵库教育大学（Hyogo）、东京大学（Tokyo）、筑波大学（Tsukuba）等镜像。

点击确定后会出现程序包一览表，在这里选择要下载的程序包。这次我们选择"ggPlot2"。点击确定后就开始下载。

```
Content type 'application/zip' length 2759541 bytes (2.6 MB)
downloaded 2.6 MB

程序包'stringi'打开成功, MD5和检查也通过
程序包'magrittr'打开成功, MD5和检查也通过
程序包'colorspace'打开成功, MD5和检查也通过
程序包'Rcpp'打开成功, MD5和检查也通过
程序包'stringr'打开成功, MD5和检查也通过
程序包'RColorBrewer'打开成功, MD5和检查也通过
程序包'dichromat'打开成功, MD5和检查也通过
程序包'munsell'打开成功, MD5和检查也通过
程序包'labeling'打开成功, MD5和检查也通过
程序包'assertthat'打开成功, MD5和检查也通过
程序包'digest'打开成功, MD5和检查也通过
程序包'gtable'打开成功, MD5和检查也通过
程序包'plyr'打开成功, MD5和检查也通过
程序包'reshape2'打开成功, MD5和检查也通过
程序包'scales'打开成功, MD5和检查也通过
程序包'tibble'打开成功, MD5和检查也通过
程序包'lazyeval'打开成功, MD5和检查也通过
程序包'ggplot2'打开成功, MD5和检查也通过

下载的二进制程序包在
        C:\Users\Administrator\AppData\Local\Temp\Rtmpmcps6R\downloaded_packages里
```

下载成功

此外，还可以使用 install.package 函数下载。在命令提示符后面输入 install.packages(程序包名)，接下来的操作就和前面相同了。

如果没有管理员权限，下载可能会被拒绝。这需要在启动 R 前右键点击快捷方式，以管理员身份运行。

Step 2　激活程序包

下载完成需要激活程序包。这时需要在命令提示符后面输入 library 函数 "library(ggplot2)"。

Step 3　浏览函数

接下来再看一看程序包中都有哪些函数。在命令提示符后输入 help(package="ggplot2")，按 Enter 键。浏览器会自动启动，显示该程序包包含的指令。

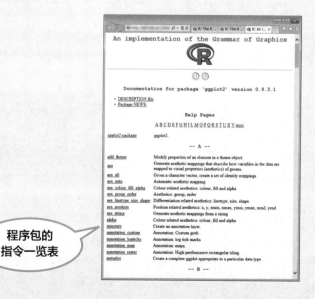

程序包的指令一览表

7.4

用 R 也能做回归分析

散点图和回归直线

上一节的 Do It R ②中，我们试着导入了 R 众多程序包中重要的
ggplot2。接下来我们用这个程序包来进行回归分析。

数据就使用数据集当中的 cars。

这个数据集包括车辆的行驶速度及该速度下的制动距离。

首先在 R 的控制台输入"cars"，数据就立刻呈现出来了。

第一列是 speed（速度），第二列是 dist（距离）。

确认数据后，在 ggplot2 启动的状态[1]下输入 P<-ggplot(cars,aes(x=
speed,y=dist)) + geom_point( )，按 Enter 键。然后，什么都没有发生！

这很正常，因为这一步仅仅是将 <- 后面的部分代入到了 P 中，
ggplot 函数的参数是 cars 中使用的数据的名称，aes 函数用来设定 x 轴
和 y 轴，geom_point 函数则是绘制散点图的函数。

接着在命令提示符后面输入 P，按 Enter 键，打开的另一个窗口中
就是这组数据的散点图。

接着输入 P+geom_smooth(method="lm")，按 Enter 键，散点图上
就会出现回归直线。

---

[1] 如果未能启动，则在进行 library（ggplot2）后再进行后面的操作。

● 用 R 做回归分析

○上图

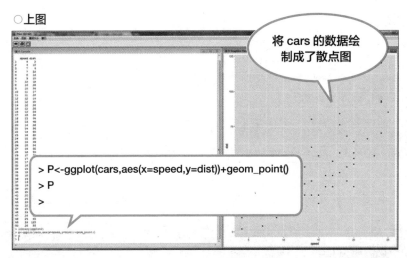

将 cars 的数据绘制成了散点图

```
> P<-ggplot(cars,aes(x=speed,y=dist))+geom_point()
> P
>
```

○下图

回归直线画好了

```
> P+geom_smooth(method="lm")
>
```

像这样，R 可以完全通过输入命令来实现各种操作。初学者对这一点可能会有点不适应。

7.5

用 R 还能做聚类分析

透彻掌握 R 的途径

前面几节介绍了一下 R 的应用实例，一些读者可能会问："这些功能 Excel 不是也都有吗？"的确，虽然用 Excel 绘制箱线图非常麻烦，但并不是画不出来。

那么接下来要介绍的聚类分析可能会打消你的疑问。这是一项 Excel 没有，但 R 可以轻松完成的功能。

我们所处的环境中存在着各种各样的规则，但很多规则靠人类的直觉是无法理解的。从看上去无序的状况中找出秩序——换言之，就是将非结构化的数据结构化——这时就要用到聚类分析。

聚类分析就是从无序的数据中找出相似的数据，将其归为一群。然后再检验各个群里数据的相似性，进一步分群。通过多次分群，将非结构化的数据结构化。

KJ 法和聚类分析

请问各位听没听说过 KJ 法[1]？ KJ 法是创造技法的一种，它的做法是将每一个数据记录在一张卡片上，再将类似的数据编成小组，确定代表该小组的标题。然后将编成小组的卡片继续归类，编成中组，确定中组的标题。如此反复，最终所有的卡片将会全部归集到几个大的组中。

KJ 法是一种沿用了很久的数据整理方式，但它的思路可以说和聚类分析是一致的。

---

[1] 文化人类学者川喜田二郎提出的著名创造技法，KJ 就是他英文名字的首字母缩写。

● 聚类分析

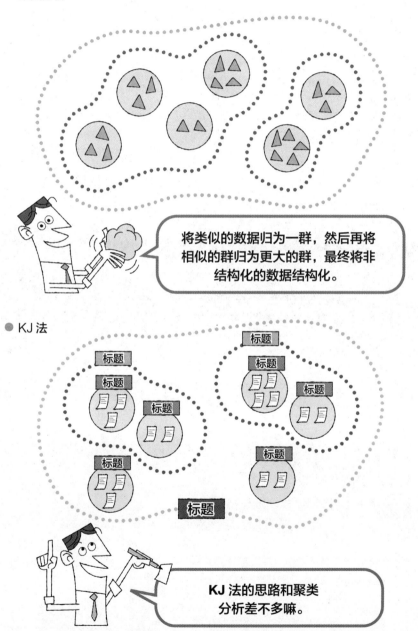

● KJ 法

用 R 进行聚类分析

R 的**聚类分析功能**非常强大。下面我们用数据集中的 eurodist 实际演练一遍聚类分析。

 确认 eurodist

在 R 的控制台中输入"eurodist",按 Enter 键,数据集的内容就会显示,它记录的是欧洲各大城市间的距离。

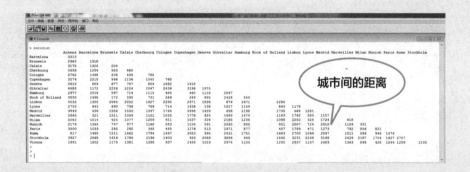

城市间的距离

 绘制树形图(Dendrogram)

接下来绘制树形图(Dendrogram),将各个城市体现在图表中。首先输入 HC<-hclust(eurodist),将 hclust(eurodist) 代入对象 HC 中。hclust 函数是将数据归类的函数。然后使用 plot 函数,输入 plot(HC),一个树形图便自动生成了。从图中可以看出,距离越近的都市就越早被归结到一个组内。

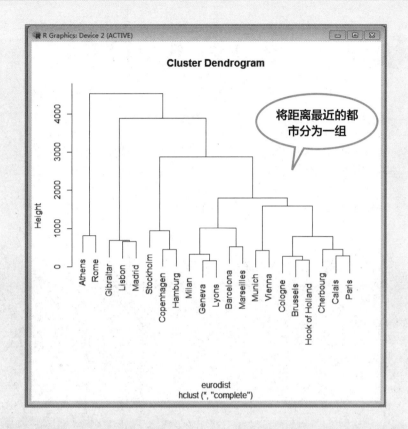

Step 3　将小组分成大类

　　使用 cutree 函数能够将分组情况用数值表示出来。比如，输入 cutree(HC,k=4) 后，就可以将城市划分为 4 个组。我们可以看出，这个分类和树形图的分类是一致的。

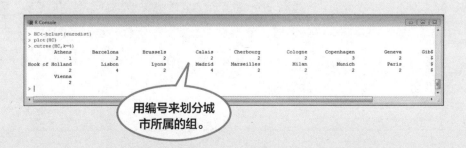

将城市间的距离可视化

Do It R ③中使用 **hclust 函数**绘制树形图，将各个城市放进了图表中。遗憾的是，观察树形图无法从视觉上直观地把握各个城市相互间的距离。接下来我们将在平面图上标绘出各城市间的相对距离及位置，从视觉上把握城市间的距离感。

求各数据的坐标值

cmdscale 函数是利用各个数据的距离求坐标的函数。这里仍旧使用 eurodist 的数据，通过城市间的距离求出散落在平面图上的各个数据的坐标。这时要就要用到 cmdscale 函数。

首先输入 CMD<-cmdscale(eurodist), 将坐标数据代入 CMD，然后输入 CMD，按 Enter 键。这时就会生成各个城市的坐标。

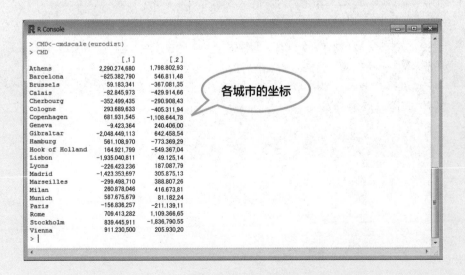

Step 2

将数据标绘至平面图上

接下来将 cmdscale 函数计算出的数值标绘到平面图上。需要在控制台输入 plot(CMD,type="n") ＋ text(CMD,rownames(CMD))。代码中利用 **plot 函数**绘制散点图。使用的数据为 CMD，即带入了坐标数据的对象。type="n" 的意思是不标绘数据标记。

如果仅仅输入这一部分，则只会显示两个坐标轴。因此，需要利用 text 函数为各个数据标记添加标签。

上述设定完成后按 Enter 键，各个城市间的距离远近就一目了然了。

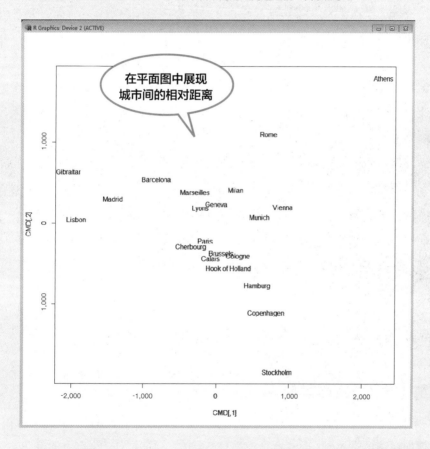

观察这张图会发现一个有意思的现象，罗马和米兰虽然同属意大利，但罗马和雅典更为接近，而米兰所处的位置则离巴黎等中心部位的都市更近。这让人很想知道：罗马市民和米兰市民之间是怎么看待彼此的呢？

7.6

小心黑天鹅事件

不可能的事情发生了

终于进入了本书的最后一节。本书从数据科学家为什么备受瞩目一直介绍到了 R 的基本操作。

通过这些介绍，我们学习了数据科学家需要具备的管理素养及统计学基础知识，还涉及了 Excel 及 R 的相关知识。如果读者能够在掌握这些内容的基础上不断学习，成为优秀的数据科学家，这将是作者最大的荣幸。

但最后要提醒大家注意，一定要认识到统计学也有弱点。

不确定性的研究学者纳西姆·尼古拉斯·塔勒布[1]曾经写过一本著名的《黑天鹅》（2009 年，Diamond 社）。人们普遍认为世界上不存在黑色的天鹅，然而只要找到一只，这个假设就会瞬间被推翻（事实上，澳大利亚就有黑色的天鹅存在）。

本书中曾多次提到，统计学的检验中需要设定拒绝域。某个假设的可能性进入到 5%（更严格的时候是 1%）的拒绝域内时就会被放弃。也就是说，统计学无视了异常值这个黑天鹅。

统计学是最强的学问吗？

然而在世界历史上，不可能发生的事情却一次次在上演。比如客机撞向纽约世贸大楼，无疑就是谁都想不到的、可能性在 1% 以下的事件。

此外，东日本大地震中核电站遭受的巨大打击可能也出乎了所有人的预料。

---

[1] 文艺评论家，生于黎巴嫩。致力于研究概率论在风险管理中的应用。曾任马萨诸塞州大学教授等。

这些都是黑天鹅事件。

黑天鹅事件是统计学无法涉足的领域，而黑天鹅一旦出现，其破坏力足以改变世界。

这样想来，必须设定拒绝域来思考事物的统计学随时都面临着黑天鹅的威胁。从这个角度来讲，统计学绝不是最强的学问。它在黑天鹅面前显得脆弱无比。

即使如此，统计学还是不可或缺

那么统计学是不是就全无用处了呢？绝对不是。

如果能够充分考虑到黑天鹅的存在，灵活运用，统计学会是一个非常有用的工具。

在本书的最后，作者谨希望广大读者能铭记这一点，成长为优秀的数据科学家，并大展拳脚。

 德鲁克如是说
运用统计学进行经营管理极为重要，但也绝不能忘了黑天鹅的存在。

参考文献

［1］『90分でわかる！ 日本で一番やさしい「データ分析」超入門』内田学、兼子良久著、東洋経済新報社、2013年 （《90分钟掌握！日本最简单的数据分析超入门》内田学、兼子良久著，东洋经济新报社，2013年）

［2］『Excelで学ぶ意志決定論』柏木吉基著、オーム社、2006年 （《Excel学意识决定论》柏木吉基著，Ohmsha, Ltd.，2006年）

［3］『Excelで学ぶ統計解析』涌井良幸、涌井貞美著、ナツメ社、2003年 （《Excel学统计分析》涌井良幸、涌井贞美著，Natsumesha CO.,LTD，2003年）

［4］『Excelで学ぶ統計解析入門』菅民郎著、オーム社、1999年 『Rによるデータサイエンス』金明哲著、森北出版、2007年（《Excel学统计解析入门》菅民郎著，Ohmsha, Ltd.1999年《用R研究数据科学》金明哲著，森北出版，2007年）

［5］『会社を変える分析の力』河本薫著、講談社、2013年（《改变公司的分析之力》河本薰著，讲谈社，2013年）

［6］『会社を強くするビッグデータ活用入門』網野知博著、日本能率協会マネジメントセンター、2013年 （《让公司变强的大数据活用入门》纲野知博著，日本能率协会管理中心，2013年）

［7］『今日から即使えるドラッカーのマネジメント思考』中野明著、朝日新聞出版、2010年 （《即学即用——德鲁克的管理思想》中野明著，朝日新闻出版，2010年）

［8］『偶然と必然の方程式』マイケル・J・モーブッシン著、田淵健太訳、日経BP社、2013年 （《偶然和必然的方程式》迈克尔·J. 莫布森著，田渊建太译，日经BP社，2013年）

［9］『これからデータ分析を始めたい人のための本』工藤卓哉著、PHPエディターズ・グループ、2013年 （《为想要开始数据分析的人而写的书》工藤卓哉著，PHP Editors Group，2013年）

［10］『新訳　現代の経営（上）（下）』P・F・ドラッカー著、上田惇生訳、ダイヤモンド社、1996年（《新译 管理的实践（上）（下）》P.F. 德鲁克著，上田惇生译，Diamond社，1996年）

［11］『戦略マップ』ロバート・S・キャプラン、デビッド・P・ノートン著、櫻井通晴、伊藤和憲、長谷川惠一訳、ランダムハウス講談社、2005年 （《战略地图》罗伯特·S. 卡普兰、戴维·P. 诺顿著，樱井通晴、伊藤和宪、长谷川惠一译，兰登书屋讲谈社，2005年）

［12］『「それ、根拠あるの？」と言わせないデータ・統計分析ができる本』柏木吉基著、日本実業出版社、
2013年（《学会数据统计分析，绝不让人说"这个可有根据？"》柏木吉基著，日
本实业出版社，2013年）

［13］『調査と分析のための統計』上藤一郎、森本栄一、常包昌宏著、丸善出版、2006年（《用于
调查和分析的统计》上藤一郎、森本荣一、常包昌宏著，丸善出版，2006年）

［14］『データサイエンス超入門』工藤卓哉、保科学世著、日経BP社、2013年（《数据科学超入门》
工藤卓哉、保科学世著，日经BP社，2013年）

［15］『データサイエンティストに学ぶ「分析力」』
ディミトリ・マークス、ポール・ブラウン著、馬淵邦美監修、小林啓倫訳、日経BP社、2013年
（《跟数据科学家学分析力》
Dimitri Maex、Paul Brown著，马渊邦美主编，小林伦译，日经BP社，2013年）

［16］ディミトリ・マークス、ポール・ブラウン著、馬淵邦美監修、小林啓倫訳、日経BP社、2013年『デ
ータサイエンティスト養成読本』技術評論社、2013年（《数据科学家养成读本》技术评论社，
2013年）

［17］『統計学が最強の学問である』西内啓著、ダイヤモンド社、2013年（《统计学是最强的学问》
西内启著，Diamond社，2013年）

［18］『ネクスト・ソサエティ』P・F・ドラッカー著、上田惇生訳、ダイヤモンド社、2002年（《下
一个社会的管理》P. F. 德鲁克著，上田惇生译，Diamond社，2002年）

［19］『バランス・スコアカード実践ワークブック』中野明著、秀和システム、2009年（《平衡计
分卡实践练习册》中野明著，秀和system，2009年）

［20］『不合理な地球人』ハワード・S・ダンフォード著、朝日新聞出版、2010年（《不合理的地球
人》霍华德·S. 德福著，朝日新闻出版，2010年）

［21］『ブラック・スワン』ナシーム・ニコラス・タレブ著、望月衛訳、ダイヤモンド社、2009年（《黑
天鹅》纳西姆·尼古拉斯·塔勒布著，望月卫译，Diamond社，2009年）

［22］『まぐれ』ナシーム・ニコラス・タレブ著、望月衛訳、ダイヤモンド社、2008年（《运气》纳
西姆·尼古拉斯·塔勒布著，望月卫译，Diamond社，2008年）

［23］『マネーボール』マイケル・ルイス著、中山宥訳、ランダムハウス講談社、2004年（《点球成金》
迈克尔·刘易斯著，中山宥译，兰登书屋讲谈社，2004年）